JN139832

ISO/IEC 27017:2015
(JIS Q 27017:2016)

ISO/IEC 27002に基づく

クラウドサービスのための情報セキュリティ管理策の実践の規範

解説と活用ガイド

Code of practice for information security controls based on ISO/IEC 27002 for cloud services

永宮直史　編著

後藤里奈・山﨑　哲
NTTテクノクロス株式会社　著

日本規格協会

執筆者名簿

編集・執筆	永宮　直史	特定非営利活動法人日本セキュリティ監査協会
執　　　筆	後藤　里奈	日本マイクロソフト株式会社
	土屋　直子	NTT テクノクロス株式会社
	中田　美佐	NTT テクノクロス株式会社
	山﨑　　哲	工学院大学客員研究員

（敬称略，順不同）

はじめに

本書は，2015年12月に発行されたISO/IEC 27017:2015の解説書である．同規格では，クラウドサービスのための情報セキュリティマネジメントを実装・運用するための管理策が取りまとめられている．

同規格は，経済産業省が2011年に公開した“クラウドサービス利用のための情報セキュリティマネジメントガイドライン”に基づき，情報セキュリティの国際規格を作成するISO/IEC JTC 1/SC 27に対して，本書の執筆者の一人である山﨑哲が提案したことが契機となり，作成されたものである．提案から発行まで5年以上にわたり，世界のクラウドサービスのセキュリティ専門家たちによって討議された結果，その内容は著しく充実したものになった．

ISO/IEC 27017の特徴は，クラウドサービスカスタマとクラウドサービスプロバイダという二者を想定し，両者が協調して情報セキュリティマネジメントシステム（ISMS）を構築するという関係を前提としていることにある．この点を理解し，同規格を活用することで，クラウドサービス固有の情報セキュリティ対策をより有効なものとすることができる．

本書は，ISO/IEC 27017の作成に携わった者，同規格の翻訳に携わった者，あるいは同規格を利用した認証制度や監査制度の創設に携わった者が，おのおのの作業の中で，より深く規格の内容を理解した経験を生かして，二者にまたがるISMSを念頭に解説を行ったものである．

本書では，最初に規格の必要性と全体概要を示し，次いで用語解説を経て，クラウドサービスカスタマとクラウドサービスプロバイダおのおのの立場から規格の内容を解説し，最後に情報セキュリティマネジメントの実践を説明している．同規格では，クラウドサービスカスタマとクラウドサービスプロバイダが対比される形式で記載されているが，本書では，規格利用者が対策を体系的に整備・運用できるように，第3章にクラウドサービスカスタマ，第4章にクラウドサービスプロバイダと，立場ごとに章を設けて解説している．

クラウドサービスカスタマとクラウドサービスプロバイダがどのような関係にあるかは，規格本文を参照いただきたい．なお，規格本文の転載元はJIS Q 27017:2016としている．

また，ISO/IEC 27017:2015はISO/IEC 27002:2013を引用規格としており，同規格と重複する記載は省略されている．本書においても，同規格の内容は一部を除いて記載していない．同規格の内容については，同規格の解説書［『ISO/IEC 27002:2013（JIS Q 27002:2014）情報セキュリティ管理策の実践のための規範 解説と活用ガイド』，2015年，日本規格協会発行］を参照いただきたい．

インターネットが通信の世界を革命的に変えてしまったように，クラウドサービスは，コンピューティングの世界に革命を引き起こしているといえよう．クラウドサービスが本格的に利用され始めたのは2010年ごろからであるが，昨今では企業組織のみならず，個人においてもクラウドサービスを身近に利用することがあたりまえになりつつある．このような状況において，情報セキュリティマネジメントを確実にするためには，同規格を適切に活用することが必要である．

本書が，クラウドサービスを利用する主体やクラウドサービスを提供する主体をはじめとする多くの方々に，クラウドサービスの情報セキュリティ対策の基本となるISO/IEC 27017:2015（JIS Q 27017:2016）の活用に資するのであれば，執筆者として大変喜ばしいことである．

最後に，本書の出版を快諾していただいた日本規格協会をはじめ，本書及び同規格の作成にご尽力いただいた多くの方々に対して，執筆者を代表し，謝意を表する．

2017年9月

永宮　直史

【注記】

国内では“ISMS”という文字が，一般財団法人日本情報経済社会推進協会（JIPDEC）によって“情報セキュリティ対策の評価基準である情報セキュリティマネジメントシステム適合性評価に関する審査・認定・登録又はこれらに関する情報の提供”を指定役務とする商標として登録されています［2006（平成18）年2月10日登録　登録番号：第4927657号］.

また，JIPDECは“ISMS”のほかにも“ISMS制度”“ISMS適合性評価制度”“ISMS認証基準”“ISMS認定基準”“Information Security Management System”などを商標登録しています.

これらの商標の使用権許諾（商標法第31条）などについては，JIPDECに問い合わせください.

目　　次

第3章　クラウドサービスカスタマのためのISO/IEC 27017の解説

［注　**太字の見出し番号**（例　**5.1.1**）は，クラウドサービス固有の事項が記載される箇条であることを示します.］

第 4 章　クラウドサービスプロバイダのための ISO/IEC 27017 の解説

［注　**太字の見出し番号**（例　**5.1.1**）は，クラウドサービス固有の事項が記載される箇条であることを示します.］

第 5 章 ISO/IEC 27017 を用いた ISMS の実践

■本書編集にあたって

JIS 規格票は JIS Z 8301（規格票の様式及び作成方法）に準じて作成されています．本書では，句点（．）を除いて，JIS Q 27017:2016 及び必要に応じて JIS Q 27002:2014 を逐次，枠囲みを施して転載しています．

本書の解説文については，読みやすさを考慮して，すべてについて JIS Z 8301 に準じることなく校正・編集しており，JIS における用字の使い方と異なる箇所があります．

■脚注について

アステリスク＊に数字を付した脚注番号（例：*1）は解説文のほか，転載した ISO/IEC 27002:2013（JIS Q 27002:2014）に対して正誤票を反映した箇所に付しています．

第1章　クラウドサービス固有のISMS規格の必要性とISO/IEC 27017の概要

1.1　クラウドサービス固有のISMS規格の必要性

1.1.1　クラウドサービスとその情報セキュリティマネジメント

クラウドサービスは，ISO/IEC 17788［Information technology—Cloud computing—Overview and vocabulary（JIS X 9401，情報技術—クラウドコンピューティング—概要及び用語）］で“定義されたインタフェースを使って呼び出されるクラウドコンピューティング経由で提供される一つ以上の能力”と定義されている．能力は“capabilities”を訳したもので“機能”と解釈してもよいだろう．定義に基づくと，クラウドサービスはクラウドコンピューティングの技術を使って，クラウドサービスカスタマがさまざまなことを実現できるようにしたサービスであるということができる．

クラウドコンピューティングについては，同規格で“セルフサービスのプロビジョニング及びオンデマンド管理を備える，スケーラブルで伸縮自在な共有できる物理的又は仮想的な資源共用へのネットワークアクセスを可能にするパラダイム”と定義されている．“パラダイム”とは原型を意味しており，物理的に所有していたコンピュータ資源をネットワークを通じて利用する形態を原型とするものが，クラウドコンピューティングであると定義されていると理解できる．コンピュータ資源の“利用”をサービスとして実現したのがクラウドサービスであるといえよう．

組織自身がコンピュータ資源を所有している場合をクラウドサービスと対比して“オンプレミス”と呼ぶ．オンプレミスの場合，コンピュータ資源の利用者が資源の所有者と同一であるため，組織の情報セキュリティマネジメントシステム（Information Security Management Systems：ISMS，以下“ISMS”

という）は利用者組織の中でほぼ自己完結的に行うことができる．一方，クラウドサービスでは，資源の利用者と所有者が異なるため，両者が協調的にならなければ情報セキュリティマネジメントが成立しない．コンピュータ資源の所有と利用の分離がISMSのパラダイムも変化させているといえる．

また，クラウドサービスの特徴として，コンピュータ資源を他の利用者と共同利用することがあげられる．共同利用によって，コンピュータ資源利用の個々のばらつきを相殺することで，利用全体の平準化を図ることができる．共同利用者が多ければ多いほど，平準化の効果が大きく，より低廉なサービスが提供可能である．クラウドサービスでは，膨大な数の利用者にサービスを提供することで，低廉なコストでコンピュータ資源の提供を実現している．

ISO/IEC 27017［Information technology—Security techniques—Code of practice for information security controls based on ISO/IEC 27002 for cloud services（JIS Q 27017，情報技術—セキュリティ技術—JIS Q 27002に基づくクラウドサービスのための情報セキュリティ管理策の実践の規範)］では，クラウドサービスを提供する主体を“クラウドサービスプロバイダ”という．一方，クラウドサービスを利用する主体は“クラウドサービスカスタマ”である．クラウドサービスは，クラウドサービスプロバイダが提供するコンピュータ資源を多数のクラウドサービスカスタマが共同利用する形態のコンピュータサービスである．

多数の利用者に対するサービスの提供にはサービスの標準化が不可欠のため，クラウドサービスではサービスが標準化されている．これは，クラウドサービスカスタマからみると自由度が低い，つまり“わがままが通らない”ことを意味する．クラウドサービス利用にあたっては，クラウドサービスカスタマが標準メニューから自身のニーズに近いものを選択し，ニーズとの乖離を埋めるか，あるいは乖離を受け入れる必要がある．

情報セキュリティに関しても，クラウドサービスでは標準化されている．情報セキュリティマネジメントの水準は，基本的には同じクラウドサービスで同一である．また，情報セキュリティを管理する機能についても，メニューとして提供されるものの中からクラウドサービスカスタマが選択する方法がとられる.

このように，クラウドサービスにおける情報セキュリティ対策は，クラウドサービスプロバイダが標準として提供するサービスの制約の下で，クラウドサービスプロバイダとクラウドサービスカスタマが協調して行うことが求められることに特徴がある.

オンプレミス環境の場合には専用環境であるため，図 1.1(a)に示すとおり，システムの提供者（クラウドサービスプロバイダに相当するので，“プロバイ

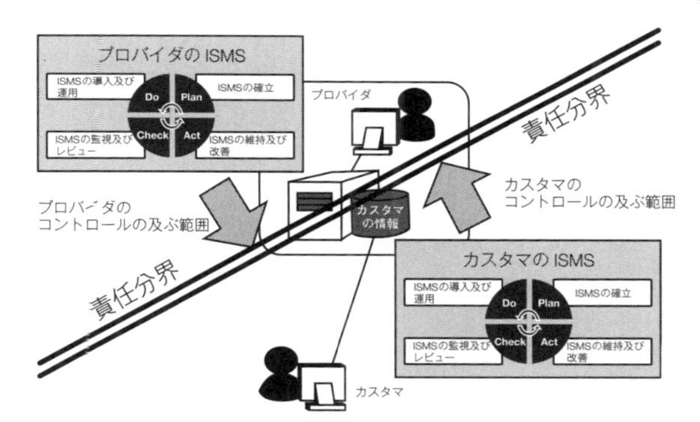

(a)　オンプレミス環境でのカスタマとプロバイダの関係

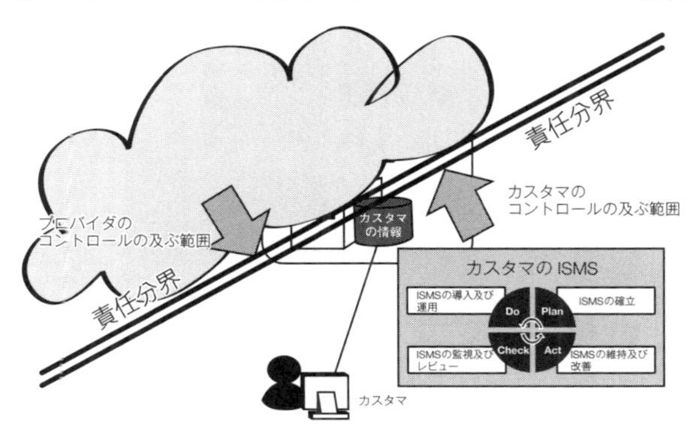

(b)　クラウド環境でのカスタマとプロバイダの関係

図 1.1　カスタマとプロバイダの関係[*1]

[*1]　NTT セキュアプラットフォーム研究所 間形文彦氏作成の図をもとに許諾を経て改変

ダ”と表記する）がどのように情報セキュリティマネジメントを行っているかについて，システムの利用者（クラウドサービスカスタマに相当するので，“カスタマ”と表記する）が十分に知ることができる．また，カスタマは必要に応じてプロバイダに対し，適切な情報セキュリティ対策の実装・運用を求めることもできる．このため，プロバイダとカスタマが協調的な関係を形成し，適切なISMSを構築することができる．

一方，クラウド環境では，クラウドサービスプロバイダが自身の情報セキュリティ対策の開示を限定している．これは，クラウドサービスでは膨大な顧客を抱えており，中には不正な意図をもつ者が含まれるリスクがあるためである．このため，クラウドサービスカスタマがクラウドサービスプロバイダの情報セキュリティ対策を容易に知ることができない．

また，標準サービスであるため，クラウドサービスカスタマが実現したい情報セキュリティ対策ができるかについては，個々のサービスに依存する．

この状況にあるため，クラウドサービスカスタマはクラウドサービスプロバイダの情報セキュリティ対策などについて情報提供や機能提供を受けなければ，自身のISMSが完結しない．クラウドサービスプロバイダは，提供するクラウドサービス環境において適切な情報セキュリティ対策を実施するとともに，それが信頼できるものであることを示す適切な情報開示をクラウドサービスカスタマに行う必要がある．さらに，クラウドサービスカスタマが実現したい情報セキュリティに対する適切な支援をサービスの一環として行うことも求められる．

クラウドサービスカスタマは，クラウドサービスプロバイダから提供された情報や機能を分析し，クラウドサービスプロバイダの提供する仕様とクラウドサービスカスタマのニーズとの間に乖離がないことを把握する必要がある．仮に，クラウドサービスプロバイダの提供する仕様とクラウドサービスカスタマのニーズに乖離が生じている場合には，この乖離が情報セキュリティのリスクとなる．このリスクへの対応がクラウドサービスカスタマのクラウドサービス利用におけるISMSの課題である．

クラウドサービス利用に伴うリスク評価の結果，受容できないリスクが認められる場合には，当該クラウドサービスの利用の可否の決定や自身による追加的な情報セキュリティ対策の実施などのリスク対応を行う必要がある．

以上に述べたとおり，クラウドサービスカスタマがISMSを適切に行うためには，以下の点が必要となる．

① クラウドサービスプロバイダの情報セキュリティ対策が有効であること

② クラウドサービスカスタマに提供される情報や機能が適切であること

③ クラウドサービスカスタマがそれらを正しく理解していること

④ クラウドサービスカスタマがこれらの情報や機能に基づき，適切なリスク対応を行っていること

1.1.2 クラウドサービス固有の技術的管理

クラウドサービスは，従来のコンピュータ技術を活用して開発されたクラウドコンピューティングの技術を生かしたサービスであるため，クラウドサービス固有とみなされる技術が用いられている．クラウドサービス固有の技術とはいっても，クラウドサービスに多く用いられ，そのためにクラウドサービスにおいて，特に慎重な対応を求められる技術である．

これらの技術に関して，ISO/IEC 27002［Information technology—Security techniques—Code of practice for information security controls（JIS Q 27002，情報技術—セキュリティ技術—情報セキュリティ管理策の実践のための規範)］では必ずしも明示的に表現されていないものがある．このため，クラウドサービス固有の規格において，クラウドサービスの提供や利用にあたって，特に留意すべき技術的課題に対応する管理策を定義する必要がある．

代表的な例として，クラウドサービスプロバイダが用いる“ライブマイグレーション”をあげてみよう．ライブマイグレーションは“無停止でシステムを移動する技術”である．この技術を利用することで，情報システムを構築・運用している物理的マシンに障害などの制約が生じた場合，仮想マシンをほぼ停止しない状態で別の物理的マシンに移動することができるので，可用性の確保

が容易になる．

図 1.2 では，太枠で示す仮想マシンにクラウドサービスカスタマの情報システムが構築・運用されていることを示している．このマシンは物理サーバの仮想マシンモニタ上に設けられたいくつかのマシンの一つである．仮に，この物理サーバでは容量が不足してしまう場合，ライブマイグレーションにより，ほぼ無停止で他の物理サーバに仮想マシンを移すことができる．移動先はネットワークがつながっていればどこでもよい．もし，グローバルにコンピュータ資

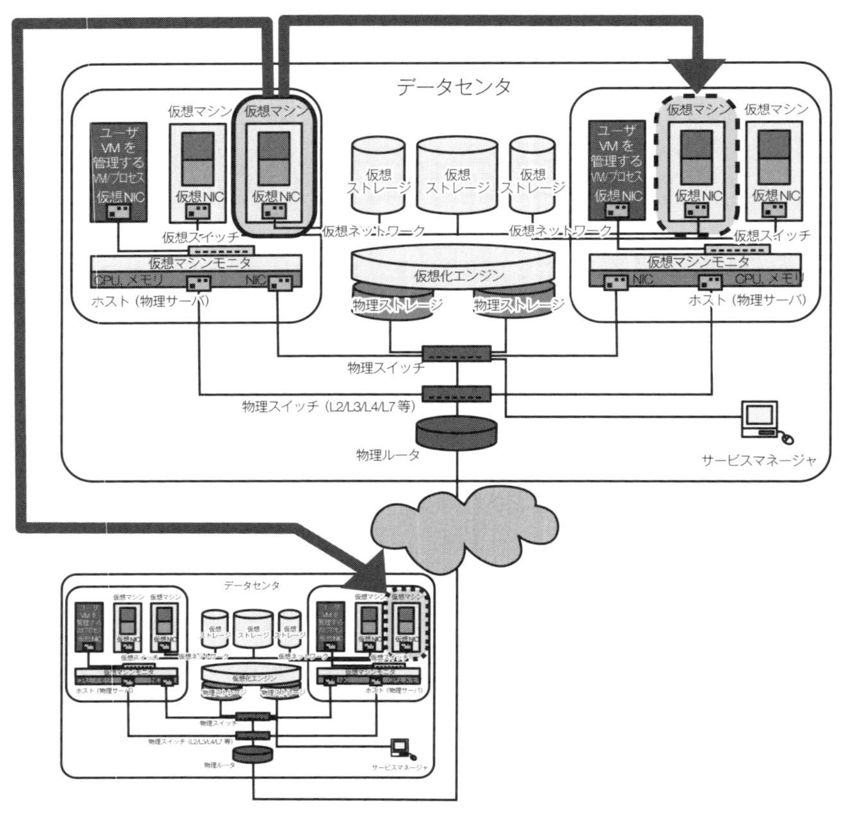

図 1.2　ライブマイグレーションの例[*2]

*2　NTT セキュアプラットフォーム研究所 間形文彦氏作成の図をもとに許諾を経て改変

源があれば，ライブマイグレーションによって世界中の資源をフルに活用できる．これはクラウドサービスプロバイダにもクラウドサービスカスタマにも望ましいため，クラウドサービスでは非常に多く用いられている．

なお，ライブマイグレーションを行う場合の制約がある．それは仮想環境で必要とされる容量の総和が物理的な環境での容量を超えられないことである．仮に，ライブマイグレーションを行った場合に物理的な容量を超えてしまうと，クラウドサービスの停止などの重大な障害を引き起こす可能性がある．例えば，通信の物理的なIPアドレスの数が不足すると仮想的に割り当てられたIPアドレスが使えなくなり，通信が不能となってしまう．このため，ライブマイグレーションを行う前に，物理的な容量を確認し，支障が生じないような運用を行う必要がある．

ライブマイグレーション以外にも，サービス利用終了後のクラウドコンピューティング環境に預けられた資産の取扱いや仮想マシンの要塞化など，クラウドサービスにおいて特に留意すべき情報セキュリティ対策に関して，適切な管理策を整理する必要がある．

1.1.3　クラウドサービスの情報セキュリティマネジメントの規格の必要性

これまで述べてきたとおり，クラウドサービスは，定義されたインタフェースを通じて共有資源を利用するサービスのため，サービスを標準化し，多数のクラウドサービスカスタマに提供できるように工夫されている．情報セキュリティに関する情報提供や機能提供もサービスの一部であり，同様に標準化される．

クラウドサービスプロバイダは，悪意のあるクラウドサービスカスタマの存在を考慮し，どのような情報や機能をどの程度クラウドサービスカスタマに提供するかを決定する．これらの情報や機能の提示内容がクラウドサービスによって異なると，クラウドサービスカスタマはクラウドサービスを選択する際に，提供される内容の範囲や深さの相違によるリスクも考慮しなければならない．

クラウドサービスプロバイダが情報セキュリティに関してクラウドサービスカスタマに提供すべき情報や機能についての標準的な規格がある場合，多数のクラウドサービスプロバイダが個々ばらばらに情報や機能を提示する場合に比べて，クラウドサービスカスタマがクラウドサービスを選択することが容易となる．また，クラウドサービスプロバイダも情報や機能について提供しやすい．

このように，クラウドサービスの普及のためには，クラウドサービスカスタマとクラウドサービスプロバイダとの間の情報セキュリティに関する情報や機能の提供のあり方を標準化することが望ましい．

以上から，クラウドサービスに対する情報セキュリティ規格，すなわち，ISO/IEC 27017 が必要とされる理由が二つあるといえる．第一の理由は，クラウドサービスカスタマとクラウドサービスプロバイダとの間で取り交わされるべき，情報セキュリティの情報及び機能の標準規格に対するニーズが存在することである．第二の理由は，クラウドコンピューティングに用いられる特徴的な技術にある．ライブマイグレーションやオブジェクトデータベースなど，クラウドサービスが始まってから広く利用されるようになった技術がある．これらは，クラウドサービスのみに限定されるわけではないが，クラウドサービスに特徴的に使われる技術であり，適切な利用ができない場合に情報セキュリティインシデントが生じるリスクがある．クラウドサービスに特徴的な技術に関連する情報セキュリティ対策を明確にすることも ISO/IEC 27017 の重要な使命である．

クラウドサービスが普及するまでは，組織の情報セキュリティマネジメントはその組織の中でほぼ完結して行うことができた．クラウドサービスにおいては，クラウドサービスに特徴的な技術に加えて，組織にわたる情報セキュリティマネジメントを行う必要がある．クラウドサービスの情報セキュリティ対策を規定する ISO/IEC 27017 はこのような必要性から生まれたものである．

1.2　ISO/IEC 27017 の内容

1.2.1　全 体 の 構 成

図 1.3 に示すとおり，クラウドサービスカスタマの ISMS が適切に構築・運用できるように，ISO/IEC 27017 の全体構成は ISO/IEC 27002 を模している．

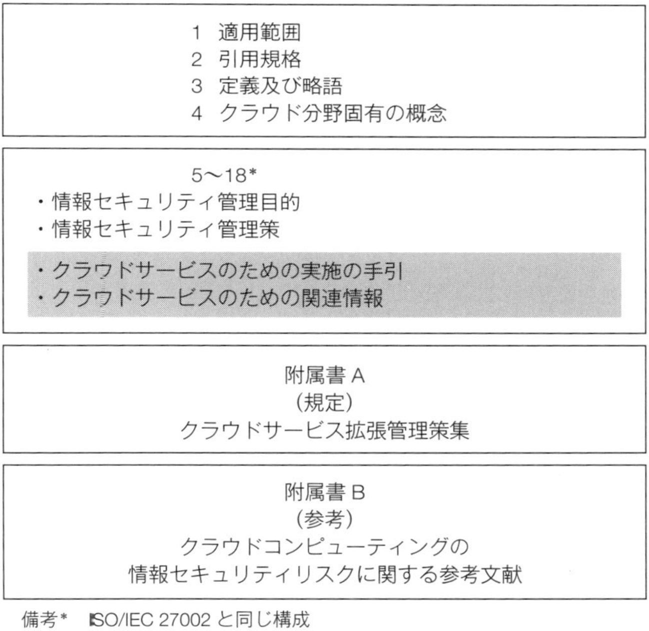

1　適用範囲
2　引用規格
3　定義及び略語
4　クラウド分野固有の概念

5～18*
・情報セキュリティ管理目的
・情報セキュリティ管理策

・クラウドサービスのための実施の手引
・クラウドサービスのための関連情報

附属書 A
(規定)
クラウドサービス拡張管理策集

附属書 B
(参考)
クラウドコンピューティングの
情報セキュリティリスクに関する参考文献

備考*　ISO/IEC 27002 と同じ構成

図 1.3　ISO/IEC 27017 の全体の構成
（出典　日本セキュリティ監査協会資料）

“1 適用範囲” において，ISO/IEC 27017 がクラウドサービスを利用するクラウドサービスカスタマとクラウドサービスを提供するクラウドサービスプロバイダを対象に，情報セキュリティ管理策のための指針を示すことが述べられている．その具体的な内容は次の二つである．

―ISO/IEC 27002（JIS Q 27002）に定める，関係する管理策への追加の実

施の手引

—クラウドサービスに特に関係する追加の管理策及びその実施の手引

“2 引用規格”では，ISO/IEC 27000，ISO/IEC 27002，ISO/IEC 17788，ISO/IEC 17789 の 4 規格があげられている．ISO/IEC 27000［Information technology—Security techniques—Information security management systems—Overview and vocabulary（JIS Q 27000，情報技術—セキュリティ技術—情報セキュリティマネジメントシステム—用語）］は ISO/IEC 規格で用いられる情報セキュリティ技術の用語を定義する規格である．ISO/IEC 27002 では情報セキュリティ管理策のベストプラクティスが整理されている．ISO/IEC 17788（JIS X 9401）は，クラウドコンピューティングの用語を定義する規格であり，ISO/IEC 17789（Information technology—Cloud computing—Reference architecture）は，参照アーキテクチャを定義する規格である．ISO/IEC 27017 を用いる場合，これらの引用規格が前提となる．

“3 定義及び略語”では，クラウドサービス固有の用語が定義されている．ISO/IEC 27017 固有の用語は“capability, data breach, secure multi-tenancy, VM（virtual machine）”の四つである．この中で capability と VM が高い頻度で使われている．capability は“能力”や“機能”と訳されている．VM は“仮想マシン”である．

略語は“IaaS，PaaS，SaaS，PII，SLA”の五つである．IaaS と PaaS，SaaS はクラウドサービスの形態である．PII は“個人を識別する符号”，SLA は“サービスレベル合意書”の略号として使われている．

なお，ISO/IEC 27017 においては，オブジェクト指向言語などのプログラム用語（オブジェクト，クラス，インスタンスなど）が用いられている．ISO/IEC 27017 ではこうした用語について知識があることを前提としているので，不明な場合には別途調べる必要がある．

“4 クラウド分野固有の概念”には，ISO/IEC 27017 に固有の事柄が記載されている．クラウドサービスに関する ISMS とはどのようなもので，これに関連する規格にはどのようのものがあり，それらをあわせてどのように ISMS

を構築するのかなどが簡潔に記されている．

箇条 4 は短い規定であるが，クラウドサービスの認識及び ISO/IEC 27017 を利用するにあたって留意すべき点が簡潔に記載されており，ISO/IEC 27017 を利用する際には，必ず読んでおく必要がある．

箇条 5 から箇条 18 が管理策の記載であり，ISO/IEC 27002 に記載されている目的と 114 の管理策が 14 の箇条に分けられて，箇条ごとに“クラウドサービスのための実施の手引”と“クラウドサービスのための関連情報”があわせて記載されている．クラウドサービス固有の記載については，前述したとおり，クラウドサービスカスタマ向けの記載とクラウドサービスプロバイダ向けの記載が表形式でまとめられていて，対比ができる．この形式は供給者関係のセキュリティ対策を具体的に規定している ISO/IEC 27036（Information technology—Security techniques—Information security for supplier relationships）のシリーズで用いられているものでもある．

附属書 A にはクラウドサービスに関する追加の管理策について記載されている．この内容は必須事項（normative）であり，本文と同じ管理策として扱わなければならない．

具体的な記載内容は ISO/IEC 27002 と同じであり，“目的，管理策，クラウドサービスのための実施の手引，クラウドサービスのための関連情報”となっている．なお，クラウドサービスのための実施の手引は規格本文と同様，表形式でクラウドサービスカスタマ向けの記載とクラウドサービスプロバイダ向けの記載がある．

附属書 B には，クラウドコンピューティングの情報セキュリティリスクに関する参考文献がまとめられている．

なお，本書ではクラウドサービスカスタマ，クラウドサービスプロバイダがそれぞれの観点から必要な対策を読めるように，章を分けて解説している．

1.2.2　管理策の概要

箇条 5 から箇条 18 の構成は次の表 1.1 に示すとおり，ISO/IEC 27002 と同じである．各管理策の解説は本書の第3章，第4章で行うこととし，ここでは全体の概要を説明する．

表1.1　箇条5～箇条18の構成

番号	表　題	番号	表　題
5	情報セキュリティのための方針群	13	通信のセキュリティ
6	情報セキュリティのための組織	14	システムの取得，開発及び保守
7	人的資源のセキュリティ	15	供給者関係
8	資産の管理	16	情報セキュリティインシデント管理
9	アクセス制御		
10	暗号	17	事業継続マネジメントにおける情報セキュリティの側面
11	物理的及び環境的セキュリティ		
12	運用のセキュリティ	18	順守

各箇条の下位に“**x.x**”と記された細目箇条がある．ISO/IEC 27002で細目箇条ごとに目的が記載されているのと同様に，ISO/IEC 27017においても細目箇条ごとに目的がある．ただし，重複記載を行わないため，“**ISO/IEC 27002**の**x.x**に定める管理目的を適用する”と記載されている．

さらにその下位に細目箇条（管理策）の番号“**x.x.x**”と管理策の記載がある．ここでも重複記載を回避するため，“**ISO/IEC 27002**の**x.x.x**に定める管理策並びに付随する実施の手引及び関連情報を適用する．次のクラウドサービス固有の実施の手引も適用する”と記載されている．なお，クラウドサービス固有の実施の手引がない管理策もある．この場合は，“**ISO/IEC 27002**の**x.x.x**に定める管理策並びに付随する実施の手引及び関連情報を適用する”と記載されている．

このように，ISO/IEC 27017にはISO/IEC 27002がすべて含まれている．そしてISO/IEC 27002の具体的な内容はISO/IEC 27002そのものを読む必要がある．

規格本文の記載の例を図1.4に箇条5冒頭の部分で示す．

5　情報セキュリティのための方針群

5.1　情報セキュリティのための経営陣の方向性

JIS Q 27002 の **5.1** に定める管理目的を適用する．

5.1.1　情報セキュリティのための方針群

JIS Q 27002 の **5.1.1** に定める管理策並びに付随する実施の手引及び関連情報を適用する．次のクラウドサービス固有の実施の手引も適用する．

図 1.4　規格本文の記載の例（箇条 5）

表 1.2 は，規格本文の管理策のうち，クラウドサービス固有の実施の手引とそれが記載されている管理策の数を示している．同表に示すとおり，クラウ

表 1.2　クラウドサービス固有の実施の手引とそれが記載される管理策の数

箇条	内　容	実施の手引			管理策数
		CSC	CSC 及び CSP	CSP	
5	方針群	1	—	1	2
6	組織	2	—	2	7
7	人的資源	1	—	1	6
8	資産の管理	2	—	2	10
9	アクセス制御	5	—	6	14
10	暗号	2	—	1	2
11	物理的及び環境的	1	—	1	15
12	運用	7	—	6	14
13	通信	1	—	1	7
14	システム取得開発	2	—	2	13
15	供給者関係	2	—	2	5
16	インシデント管理	2	1	2	7
17	事業継続	—	—	—	4
18	順守	5	—	5	8
合計		33	1	32	114

備考　CSC：クラウドサービスカスタマ　　—：該当なしを意味する
CSP：クラウドサービスプロバイダ

ドサービスカスタマに対するクラウドサービスのための実施の手引が33，クラウドサービスプロバイダに対するクラウドサービスのための実施の手引が32，クラウドサービスカスタマとクラウドサービスプロバイダの双方に対するクラウドサービスのための実施の手引が1ある．管理策の数が114なので，約3分の1の管理策にクラウドサービス固有の実施の手引があることになる．

特に，クラウドサービスのための実施の手引の記載が多い箇条は“9アクセス制御”“12運用のセキュリティ”“18順守”である．クラウドサービス利用では，特にこの3分野でクラウドサービス固有のリスク対策が求められるといえよう．

1.2.3　クラウドサービス固有の管理策（附属書A）

附属書Aに記載されているクラウドサービス固有の管理策は表1.3に示す七つである．

クラウドサービス固有の管理策のうち，“CLD.9.5.1 仮想コンピューティング環境における分離”“CLD.13.1.4 仮想及び物理ネットワークのセキュリティ管理の整合”はクラウドコンピューティング環境に用いられる仮想化技術と関

表1.3　クラウドサービス固有の管理策（附属書A）

管理策番号	管理策	CSC	CSP
CLD.6.3.1	役割及び責任の共有及び分担	○	○
CLD.8.1.5	クラウドサービスカスタマの資産の除去	○	○
CLD.9.5.1	仮想コンピューティング環境における分離	—	○
CLD.9.5.2	仮想マシンの要塞化	○	○
CLD.12.1.5	実務管理者の運用のセキュリティ	○	○
CLD.12.4.5	クラウドサービスの監視	○	○
CLD.13.1.4	仮想及び物理ネットワークのセキュリティ管理の整合	—	○

備考　CSC：クラウドサービスカスタマ
　　　CSP：クラウドサービスプロバイダ
　　　　○：主体が考慮すべき管理策
　　　　—：考慮対象外

連深いものである．CLD.9.5.1 はオブジェクトデータベースが用いられたクラウドコンピューティング環境などの場合，また，CLD.13.1.4 はライブマイグレーションなどの場合に，それぞれ情報セキュリティマネジメント上の技術的な管理について規定している．

1.2.4　クラウドサービスの情報セキュリティ対策の体系

クラウドサービスの情報セキュリティ対策は，次の表 1.4（32 ページ）に示す体系に整理できる．

基本理念においては，クラウドサービスの情報セキュリティマネジメントは，クラウドサービスカスタマとクラウドサービスプロバイダの共同責任であることを認識し，協調的に行動できることを促している．

また，コミュニケーションに関する対策は，こうした協調行動のために必要な情報連携のスキームを確立するものである．

具体的対策は四つに分けられる．第一に，クラウドサービスカスタマとクラウドサービスプロバイダのおのおのが，クラウドサービスの利用又は提供を念頭に置いて，従来の対策を見直すべき事項がある．第二に，クラウドサービスプロバイダがクラウドサービスカスタマの情報セキュリティ対策のために提供する情報や機能をクラウドサービスカスタマが確認し，活用する具体的な内容を規定した対策群がある．第三は，クラウドサービスの技術として特徴的な仮想化技術の活用に伴う新たな対策である．第四が，クラウドサービスカスタマが自身の責任で行うべき対策である．そして，グローバルに展開されるクラウドサービス供給に伴う法的な課題への対応についての対策がまとめられている．

これらの対策は，クラウドサービスの追加の管理策として，あるいは規格本文におけるクラウドサービスのための実施の手引として記載されている．クラウドサービスのための実施の手引に記載された内容には，仮に ISO/IEC 27017 の構成を ISO/IEC 27002 に合わせるという基本方針がなければ，管理策として取り上げてもよいと思われるものが多数含まれている．このため，

表 1.4 クラウドサービスの情報セキュリティ対策の体系

具体的な対策		管理策
1) 基本理念		5.1.1 情報セキュリティのための方針群 6.1.1 情報セキュリティの役割及び責任
2) コミュニケーション		CLD.8.1.5 クラウドサービスカスタマの資産の除去 9.4.4 特権的なユーティリティプログラムの使用 11.2.7 装置のセキュリティを保った処分又は再利用 15.1.1 供給者関係のための情報セキュリティの方針 15.1.2 供給者との合意におけるセキュリティの取扱い 16.1.1 責任及び手順 16.1.2 情報セキュリティ事象の報告 16.1.7 証拠の収集 18.2.1 情報セキュリティの独立したレビュー
3) 具体的対策の実施	① 各組織個別対応策	CLD.6.3.1 クラウドコンピューティング環境における役割及び責任の共有及び分担 7.2.2 情報セキュリティの意識向上，教育及び訓練 8.1.1 資産目録 12.1.3 容量・能力の管理 13.1.3 ネットワークの分離 15.1.3 ICT サプライチェーン
	② CSC のための機能・情報提供とその活用策	6.1.3 関係当局との連絡 8.2.2 情報のラベル付け 9.2.1 利用者登録及び登録削除 9.2.2 利用者アクセスの提供（provisioning） 9.2.3 特権的アクセス権の管理 9.2.4 利用者の秘密認証情報の管理 9.4.1 情報へのアクセス制御 10.1.1 暗号による管理策の利用方針 12.1.2 変更管理 CLD.12.1.5 実務管理者の運用セキュリティ 12.3.1 情報のバックアップ 12.4.1 イベントログ取得 12.4.4 クロックの同期 CLD.12.4.5 クラウドサービスの監視 12.6.1 技術的ぜい弱性の管理 14.1.1 情報セキュリティ要求事項の分析及び仕様化 14.2.1 セキュリティに配慮した開発のための方針
	③ 仮想環境への対応策	CLD.9.5.1 仮想コンピューティング環境における分離 CLD.9.5.2 仮想マシンの要塞化 CLD.13.1.4 仮想及び物理ネットワークのセキュリティ管理の整合
	④ CSC 責任の対策	9.1.2 ネットワーク及びネットワークサービスへのアクセス 10.1.2 鍵管理 12.4.3 実務管理者及び運用担当者の作業ログ
4) 法的対応の管理策		18.1.1 適用法令及び契約上の要求事項の特定 18.1.2 知的財産権 18.1.3 記録の保護 18.1.5 暗号化機能に対する規制

備考 CSC：クラウドサービスカスタマ

（出典 日本セキュリティ監査協会資料に基づき作成）

ISO/IEC 27017 のクラウドサービスのための実施の手引については，内容を確実に理解し，クラウドサービス固有のリスク対策として活用すべきである．

1.3　ISO/IEC 27017 活用にあたっての留意点

ISO/IEC 27017 は，クラウドサービスプロバイダとクラウドサービスカスタマが協調的に連携しながら，それぞれの情報セキュリティマネジメントの目的を達成するための管理策を提示している．その内容は，ISO/IEC 27002 に加えて，クラウドサービス固有の対策の実施をクラウドサービスのための実施の手引に記載された規格本文と，クラウドサービスのための追加の管理策と実施の手引が記載された附属書 A を中心に構成されたものである．

この特徴を十分理解し，以下に述べる点に留意することで，ISO/IEC 27017 をより有効に活用することができる．

1.3.1　リスク概念の広がり

ISO/IEC 27017 を用いた情報セキュリティ対策は，ISO/IEC 27001［Information technology—Security techniques—Information security management systems—Requirements（JIS Q 27001，情報技術—セキュリティ技術—情報セキュリティマネジメントシステム—要求事項)］に規定される情報セキュリティのリスクマネジメントシステムで実現される．具体的には，クラウドサービスの利用又は提供に伴うリスクを把握し，リスク対応方針を確立し，必要な管理策を選択し，実装し，運用し，それらを評価し，その結果に基づく対策の強化を施すプロセスが必要となる．

クラウドサービスカスタマにおいては，クラウドサービスの利用に伴う新たなリスクを把握し，対応するという流れは組織の情報セキュリティ対策（機密性，完全性，可用性おのおのの保全）の延長であるため，クラウドサービスを利用する前とリスク概念に大きな変化があるわけではない．

一方，クラウドサービスプロバイダは自組織の情報セキュリティ対策に加えて，クラウドサービスカスタマが実現したい情報セキュリティ対策への支援を行う必要がある．このためにはクラウドサービスを提供する事業におけるサービスに関連するリスクを評価し，対応する必要がある．この事業におけるサービスに関連するリスクは，クラウドサービスカスタマの情報についての機密性，完全性，可用性おのおのの保全に関するリスクのうち，事業者として担うことを決めた部分のリスクに対応するものである．このリスクは，自組織の情報セキュリティに関するリスクとは性質が異なり，IT サービスマネジメントにおけるリスクである．

ISO/IEC 27001 では，“context”（“状況” と訳されている）を理解したうえで，情報セキュリティマネジメントの対象範囲を設定し，リスク評価を行うプロセスが求められる．言い換えると，クラウドサービスプロバイダはサービスを提供するという context から IT サービスマネジメントにおけるリスクを把握し，管理策に加えることを意味している．

IT サービスマネジメントには ISO/IEC 20000（Information technology—Service management）のシリーズがある．ただし，クラウドサービスカスタマは ISO/IEC 27002 に基づいて情報セキュリティ対策を行うため，ISO/IEC 27002 に沿った管理策体系があると，クラウドサービスカスタマ側の情報セキュリティ対策が円滑に行える．

クラウドサービスプロバイダは，この点を理解してリスク分析を行い，ISO/IEC 27017 に記載されているクラウドサービスプロバイダ向けのクラウドサービスのための実施の手引を生かして，クラウドサービスカスタマの情報セキュリティ対策を支援することが望ましい．

1.3.2　情報セキュリティの監査の重要性

(1)　クラウドサービスの ISMS における監査について

前述したとおり，クラウドサービスプロバイダが適切な情報セキュリティ対策を実施し，かつ，クラウドサービスカスタマの情報セキュリティ対策を支援する情報や機能を提供することが，クラウドサービスカスタマの情報セキュリティ対策に不可欠である．クラウドサービスカスタマは，クラウドサービスプロバイダがコミットした上記の内容が確実に履行されていることを前提として，対策を行うこととなる．クラウドサービスプロバイダの対策の確実な履行を確認するための手段として，クラウドサービスプロバイダへの監査はクラウドサービスカスタマにとって重要である．この監査はサプライヤー監査である．

クラウドサービスを利用している組織の ISMS においては，ISO/IEC 27001 の“9.2 内部監査”の一環として，クラウドサービスカスタマのサプライヤー監査を実施する必要がある．

(2)　クラウドサービスにおける監査の実施方法

ISO/IEC 27017 の“18.2.1 情報セキュリティの独立したレビュー”におけるクラウドサービスのための実施の手引にこの監査への対応方策が記載されている．詳細は 18.2.1 の解説に譲るが，クラウドサービスプロバイダの対応について，三つの方法が示されている．

第一は，クラウドサービスカスタマ自らがサプライヤー監査を実施する方法である．これに対しては，クラウドサービスプロバイダがサプライヤー監査に必要となる証拠を文書として提出することが求められる．

ただし，クラウドサービスプロバイダが多数のクラウドサービスカスタマの個々のサプライヤー監査要求を受け入れることは，現実的ではない．このため推奨されるのが，次の第二の方法である．これは，クラウドサービスカスタマとクラウドサービスプロバイダの両組織から独立した監査人が監査を行い，その結果をクラウドサービスカスタマに示すものである．

両組織から独立した監査人による監査報告書は，多数のクラウドサービスカスタマに提供するものであり，クラウドサービスプロバイダがその監査のための費用を負担する必要がある．中小規模のクラウドサービスプロバイダにはこの費用負担ができない場合があるため，第三の方法として，クラウドサービスプロバイダ自身の内部監査の結果を提示する方法が示されている．この場合には，監査の偏りがないことをクラウドサービスカスタマが納得する必要があるため，監査プロセスも開示する必要がある．

以上に示すとおり，クラウドサービスにおける監査は，クラウドサービスカスタマが行う場合，独立した監査人が行う場合，そして，クラウドサービスプロバイダが行う場合の三つが想定されている．

ISO/IEC 27017の規格作成作業においては，監査に関するクラウドサービス固有の管理策が必要との提案もあったが，18.2.1に追加として記載することとなった．このため，監査が前面に出ず，わかりにくい面があるが，本管理策の内容をよく理解し，ISMSを確実にするための監査を実施するとともに，特にクラウドサービスプロバイダについていえることであるが，その監査自体の信頼性を確保する必要がある．

(3) 監査人について

クラウドサービスに対する監査を独立した監査人が行う場合，あるいは，クラウドサービスプロバイダが行う場合には，監査人についても，クラウドサービスカスタマが納得する客観的な力量が求められる．

日本セキュリティ監査協会の公認情報セキュリティ監査人制度で認定された監査人や米国公認情報システム監査人などであれば，独立した監査を行える力量が認められる．

自己評価のプロセスを透明にした日本セキュリティ監査協会のクラウドセキュリティ監査制度を利用した場合，開示すべき文書が標準化されており，クラウドサービスカスタマに開示しやすい特徴がある．これらの制度を活用することができる．

1.3.3 クラウドサービスのための実施の手引の読込み

ISMSの認証制度が世界的に広まりつつあり，その拡張認証としてISO/IEC 27017を用いたクラウドサービスの認証が行われている．この認証では，ガイドラインである ISO/IEC 27017 を要求事項としてとらえ，管理策が有効に機能していることを評価する．評価対象となる ISO/IEC 27017 の管理策は ISO/IEC 27002 と全く同じである．しかし，管理策の“粒度”では，クラウドサービス固有の対策が表示しきれていないことに注意を要する．

例えば，ISO/IEC 27002 の“5.1.1 情報セキュリティのための方針群”では，情報セキュリティ方針群全体のあり方を管理策として定義している．クラウドサービスを利用又は提供するためには，クラウドサービスを念頭に置いた情報セキュリティ方針が必要となる．これは情報セキュリティ方針群の中のトピック固有の方針の一つである．ISO/IEC 27002 の 5.1.1 の実施の手引では，何をトピック固有の方針とすべきかの記載があるが，その内容については記載されていない．一方，ISO/IEC 27017 の“5.1.1 情報セキュリティのための方針群”のクラウドサービスのための実施の手引では，クラウドサービス固有の方針を定める際に考慮すべき事項が記載されている．この内容は ISO/IEC 27002 の 5.1.1 の実施の手引よりも踏み込んだ内容である．

この例に見られるように，クラウドサービスの利用又は提供にかかわるリスク対策は，管理策より粒度の細かいレベルでの対応が必要となることが多い．この点を踏まえると，ISO/IEC 27017 では，特に規格本文において，クラウドサービスのための実施の手引を読み込むことで，クラウドサービス固有のリスク対策が実装・運用できるといえる．

1.3.4　ISO/IEC 27002 の管理策の見直しと実施

ISO/IEC 27002 との重複を避けるために，ISO/IEC 27017 ではクラウドサービス固有の概念を厳格に守っている．ISO/IEC 27002 に記載があれば，クラウドサービスのリスク対応として重要な対策であっても，ISO/IEC 27017 では明記されていない事項がある．このため，ISO/IEC 27017 を表面的にとらえてしまうと，クラウドサービスの利用に伴うリスク対応は ISO/IEC 27017 に記載されている範囲で十分であるとの誤解が生じるおそれがある．

クラウドサービス固有ではないが，クラウドサービス利用において重要な対策として，例えば，ベンダーロックイン[*3]対策があげられる．ベンダーロックインはクラウドサービス利用の際の重大なリスクとして認識されている．しかし，情報サービス利用に伴うリスクの対策としてISO/IEC 27002の“15 供給者関係”の実施の手引にベンダーロックインが記載されている[*4]ため，ISO/IEC 27017にはその記載がない．

ベンダーロックイン以外にも，同様のことがありうる．このため，クラウドサービスの利用にあたっての事前のリスク分析を踏まえ，ISO/IEC 27002の実施の手引の内容も踏まえた管理策の実施内容を見直すとともに，新たにクラウドサービス対応として実施する内容を着実に運用していく必要がある．

*3 ベンダーロックイン：顧客が他のサービスに移りにくくするなどの仕様にすることで囲い込みを行うことを指す．

*4 ISO/IEC 27002の“15.1.1 供給者関係のための情報セキュリティの方針”の実施の手引“m）情報，情報処理施設及び移動が必要なその他のものの移行の管理，並びにその移行期間全体にわたって情報セキュリティが維持されることの確実化”がベンダーロックイン対策を含む対策である．

第2章　ISO/IEC 27017（箇条1～箇条4）の解説

1 適用範囲

> **1　適用範囲**
>
> この規格は，次の事項を提供することによって，クラウドサービスの提供及び利用に適用できる情報セキュリティ管理策のための指針を示す．
>
> —**JIS Q 27002** に定める関係する管理策への追加の実施の手引
>
> —クラウドサービスに特に関係する追加の管理策及びその実施の手引
>
> この規格は，管理策及び実施の手引を，クラウドサービスプロバイダ及びクラウドサービスカスタマの双方に対して提供する．
>
> **注記**　この規格の対応国際規格及びその対応の程度を表す記号を，次に示す．
>
> **ISO/IEC 27017**:2015，Information technology—Security techniques—Code of practice for information security controls based on ISO/IEC 27002 for cloud services（IDT）
>
> なお，対応の程度を表す記号“IDT”は，**ISO/IEC Guide 21-1** に基づき，“一致している”ことを示す．

❖解　説

“1 適用範囲”では，次の二つの事項を提供し，ISO/IEC 27002 を適用する組織がクラウドサービスの利用又は提供を行う際に必要な情報セキュリティ管理策の実践の規範をクラウドサービスカスタマ及びクラウドサービスプロバイダに提供することが意図されている．

—ISO/IEC 27002（JIS Q 27002）に定める関係する管理策への追加の実施の手引

—クラウドサービスに特に関係する追加の管理策及びその実施の手引

2　引 用 規 格

2　引用規格

次に掲げる規格は，この規格に引用されることによって，この規格の規定の一部を構成する．これらの引用規格のうちで，西暦年を付記してあるものは，記載の年の版を適用し，その後の改正版（追補を含む．）は適用しない．西暦年の付記がない引用規格は，その最新版（追補を含む．）を適用する．

JIS Q 27000　情報技術―セキュリティ技術―情報セキュリティマネジメントシステム―用語

注記　対応国際規格：**ISO/IEC 27000**, Information technology—Security techniques—Information security management systems—Overview and vocabulary (MOD)

JIS Q 27002:2014　情報技術―セキュリティ技術―情報セキュリティ管理策の実践のための規範

注記　対応国際規格：**ISO/IEC 27002**:2013, Information technology—Security techniques—Code of practice for information security controls (IDT)

JIS X 9401　情報技術―クラウドコンピューティング―概要及び用語

注記　対応国際規格：**ISO/IEC 17788**, Information technology—Cloud computing—Overview and vocabulary (IDT)

ISO/IEC 17789, Information technology—Cloud computing—Reference architecture

❖解　説

“2 引用規格” は，クラウドコンピューティングに関する用語及び概念を規定する ISO/IEC 17788（JIS X 9401），クラウドサービスのアーキテクチャを規定する ISO/IEC 17789，情報セキュリティ用語を定義する ISO/IEC 27000，そして情報セキュリティ対策の指針を示す ISO/IEC 27002 である．ISO/IEC 27017 を用いる場合には，これらの規格を参照することが必要である．

なお，ISO/IEC 27002 については，規格が制定された年号を特定しているので，この年号の版のみが参照される．

3　定義及び略語

3.1　用語及び定義

3　定義及び略語

3.1　用語及び定義

この規格で用いる用語及び定義は，**JIS Q 27000**，**JIS X 9401** 及び **ISO/IEC 17789** によるほか，次による．

3.1.1

能力（capability）

所与の振る舞いが実行できる特質．

（**ISO 19440**:2007 の **3.1.5** 参照）

3.1.2

データ侵害（data breach）

転送，保存若しくはその他の方法で処理される保護されたデータの，偶発的若しくは不法な破壊，損失，改ざん，認可されない開示又はその保護されたデータへのアクセスにつながる情報セキュリティの侵害．

（**ISO/IEC 27040**:2015 の **3.7** 参照）

3.1.3

セキュアマルチテナンシ（secure multi-tenancy）

データ侵害から防御するために情報セキュリティ管理策を使用し，適切なガバナンスに対するこれらの管理策の有効性に確証を与えているマルチテナンシの形態．

注記 1　セキュアマルチテナンシは，それぞれのテナントのリスクがシングルテナント環境の場合のリスクを上回らないときに存在する．

注記 2　特に強いセキュリティの求められる環境においては，テナントのアイデンティティですら秘密とされる．

（**ISO/IEC 27040**:2015 の **3.39** 参照）

3.1.4

仮想マシン，**VM**（virtual machine）

ゲストソフトウェアの実行を支援する環境一式．

注記　仮想マシンは，仮想ハードウェア，仮想ディスク，及び関連するメタデータを全てカプセル化したものである．仮想マシンは，ハイパーバイザと呼ばれるソフトウェア層によって，基盤となる物理マシンの多重利用を可能としている．

（**ISO/IEC 17203**:2011 の **3.20** を変更した．）

❖解　説

“3 定義及び略語”では，クラウドサービス固有の用語が定義されている．ISO/IEC 27017 固有の用語の定義は，“capability, data breach, secure multi-tenancy, VM（virtual machine）”の四つであるが，ISO/IEC 27017 の理解のために必要な用語を本節で解説する．本書において，ISO/IEC 27017 で定義されている用語は実線の枠囲み（▭）で示し，ISO/IEC 17788（JIS X 9401）及び ISO/IEC 17789 で定義されている用語は破線の枠囲み（⬚）で示す．

(1)　クラウドコンピューティングとクラウドサービス

(a)　クラウドコンピューティング

ISO/IEC 17788（JIS X 9401）

3.2.5

クラウドコンピューティング（cloud computing）

セルフサービスのプロビジョニング（provisioning）及びオンデマンド管理を備える，スケーラブルで伸縮自在な共有できる物理的又は仮想的なリソース共用へのネットワークアクセスを可能にするパラダイム．

注記　リソースの例には，サーバ，OS，ネットワーク，ソフトウェア，アプリケーション及びストレージが含まれる．

❖解　説

上記の定義にあるとおり，クラウドコンピューティングは近年発達した技術を組み合わせたパラダイムである．“パラダイム”（paradigm）の原語の基本的な意味として“an outstandingly clear or typical example or archetype”があげられる（出典　Merriam-Webster）．これは“極めて明確な，若しくは典型的な例，又は原型”という意味になる．つまり“クラウドコンピューティング”とは，共有リソース（資源）にネットワークアクセスして自身でそれを利活用することを基本的な形態とするコンピューティングを指すものと解釈される．

また，本書の 1.1.1 項で述べたとおり，クラウドコンピューティングに対比して，自身でリソース（資源）を保有する場合を“オンプレミス”という．

(b)　クラウドサービス

ISO/IEC 17788(JIS X 9401)

3.2.8

クラウドサービス (cloud service)

定義されたインタフェースを使って呼び出されるクラウドコンピューティング経由で提供される一つ以上の能力.

❖解　説

"クラウドサービス"はクラウドコンピューティングを経由されて提供される"能力"とある."クラウドコンピューティング"はセルフサービスのプロビジョニングであるので,利用者の自己責任を前提としている点が通常のサービスと異なる.この"能力"は次のとおり定義されている.

3.1.1

能力 (capability)

所与の振る舞いが実行できる特質.

(**ISO 19440**:2007 の **3.1.5** 参照)

❖解　説

原文は,"capability : Quality of being able to perform a given activity."である.この文からみると"能力"とともに"機能"の意味合いもうかがえる.

具体的に capability が用いられるのは,クラウドサービスの次のタイプにある.

ISO/IEC 17788(JIS X 9401)

3.2.25

インフラストラクチャ能力型 (infrastructure capabilities type)

クラウドサービスカスタマが,演算リソース,ストレージリソース又はネットワーキングリソースを供給及び利用することができるクラウド能力型.

3.2.31

プラットフォーム能力型 (platform capabilities type)

クラウドサービスカスタマが,クラウドサービスプロバイダによってサポートされる一つ以上のプログラミング言語と一つ以上の実行環境とを使ってカスタマが作った又はカスタマが入手したアプリケーションを配置し，管理し，及び実行することができるクラウド能力型.

3.2.1

アプリケーション能力型（application capabilities type）

クラウドサービスカスタマがクラウドサービスプロバイダのアプリケーションを利用することができるクラウド能力型.

❖解　説

この定義によれば，IaaSが“インフラストラクチャ能力型”，PaaSが“プラットフォーム能力型”，SaaSが“アプリケーション能力型”に該当する．ISO/IEC 17788では，IaaSやPaaS，SaaSのほかにもさまざまなクラウドサービス固有の用語が定義されているため，上記のような包括的な概念が定義されている.

(2)　クラウドサービスカスタマ

(a)　クラウドサービスカスタマの定義

ISO/IEC 17788（JIS X 9401）

3.2.11

クラウドサービスカスタマ（cloud service customer）

クラウドサービスを使うためにビジネス関係にあるパーティ.

注記　ビジネス関係は，必ずしも金銭的な合意を伴うとは限らない.

❖解　説

定義文中の“パーティ”とは，ISO/IEC 27729［Information and documentation—International standard name identifier（ISNI)］で定義された用語で“法人又は自然人”を意味する．ISO/IEC 27017においては，クラウドサービスを利用する組織を指す．なお，“注記”にあるとおり，無償で利用している組織も含まれる.

(b)　クラウドサービスカスタマにおける役割

ISO/IEC 17789では，クラウドサービスカスタマ組織における役割として，四つの役割を定義している.

このうち“クラウドサービスユーザ”はISO/IEC 17788（JIS X 9401）に定義されている．

ISO/IEC 17788（JIS X 9401）

3.2.17

クラウドサービスユーザ（cloud service user）

クラウドサービスを利用するクラウドサービスカスタマに連携して，自然人又はその代わりに活動するエンティティ．

注記　そのようなエンティティの例として，機器及びアプリケーションがある．

❖解　説

“クラウドサービスユーザ”として，クラウドサービスカスタマの組織に属し，クラウドサービスを直接利用する人（端末を操作する人）があげられる．また，クラウドサービスを利用する機器やアプリケーションも含まれる．例えば，IoTにはクラウドサービスが用いられることが多いが，IoTデバイスがクラウドサービスユーザになることもありうる．

他の三つの役割は，ISO/IEC 17789の“8.2 Cloud service customer / 8.2.1 Role”に記載されている．これらを要約すると次のとおりである．詳細は規格原文を参照されたい．

ISO/IEC 17789

①　**クラウドサービス実務管理者**（cloud service administrator）

クラウドサービスの利用を円滑に運用する役割で，クラウドサービスプロバイダとの技術的な連絡窓口の役割を担う．

②　**クラウドサービスビジネスマネージャ**（cloud service business manager）

クラウドサービスの調達と利用を実現する役割を担う．クラウドサービスプロバイダに監査報告書を要求する役割も担う．

③　**クラウドサービスインテグレータ**（cloud service integrator）

アプリケーション機能やデータを含む既存のICTシステムと利用するクラウドサービスとの統合を実現する役割を担う．

(3)　クラウドサービスプロバイダ

(a)　クラウドサービスプロバイダの定義

ISO/IEC 17788（JIS X 9401）

3.2.15

クラウドサービスプロバイダ（cloud service provider）

クラウドサービスを利用できるようにするパーティ．

❖解　説

クラウドサービスカスタマに対して，クラウドサービスを提供する事業者が“クラウドサービスプロバイダ”である．

(b)　クラウドサービスプロバイダにおける役割

❖解　説

クラウドサービスプロバイダ組織における役割について，ISO/IEC 17789の“8.3 Cloud service provider / 8.3.1 Role”に用語が定義されているので要約する．詳細は規格原文を参照されたい．

ISO/IEC 17789

① **クラウドサービスオペレーションズマネージャ**（cloud service operations manager）
　クラウドサービスのための運用のプロセス及び手順に関する役割を担う．

② **クラウドサービスディプロイマネージャ**（cloud service deployment manager）
　クラウドサービスを実稼働環境に展開する計画を立て，サービスを生産する．

③ **クラウドサービスマネージャ**（cloud service manager）
　クラウドサービスのSLA[*1]の目標値を順守する責任をもつ．

④ **クラウドサービスビジネスマネージャ**（cloud service business manager）
　クラウドサービスに関するビジネス計画や戦略を立案し，クラウドサービスカスタマに対応する．

⑤ **顧客サポート・対応代表者**（customer support and care representative）
　クラウドサービスカスタマの課題や問合せに対して窓口を提供する．

⑥ **インタークラウドプロバイダ**（inter-cloud provider）
　複数のピアクラウドサービスプロバイダ［次の(4)(b)参照］を使用してクラウドサービスを提供する．

---

*1 SLA：サービスレベル合意書（Service Level Agreement）

⑦　**クラウドサービスセキュリティ及びリスクマネージャ**（cloud service security and risk manager）

クラウドサービスの SLA に記載されている要求事項を満足するようにクラウドサービスを支援する．

⑧　**ネットワークプロバイダ**（network provider）

クラウドサービスカスタマとクラウドサービスプロバイダとの間のネットワークの接続の責任を有する．

（4）　クラウドサービスの構成と関連用語

（a）　マルチテナンシ

ISO/IEC 17788（JIS X 9401）

3.2.37

テナント（tenant）

物理的及び仮想的なリソースの単一の組合せに共用アクセスする，一つ以上のクラウドサービスユーザ．

❖解　説

クラウドサービスは複数のクラウドサービスカスタマが利用するサービスである．利用の一単位のまとまりを“テナント”という．

一つの組織において，部署別にアクセス制限がなされていれば，1 部署が 1 テナントとなる．

ISO/IEC 17788（JIS X 9401）

3.2.27

マルチテナンシ（multi-tenancy）

複数のテナント及びテナントの演算・データが，他のテナントから隔離され，また，他のテナントからアクセスができないような，物理リソース又は仮想リソースの割当て．

❖解　説

“マルチテナンシ”とは，テナントが複数存在するクラウドサービス環境（マルチテナントの環境）を指す．

3.1.3

セキュアマルチテナンシ（secure multi-tenancy）

データ侵害から防御するために情報セキュリティ管理策を使用し，適切なガバナンスに対するこれらの管理策の有効性に確証を与えているマルチテナンシの形態．

注記1　セキュアマルチテナンシは，それぞれのテナントのリスクがシングルテナント環境の場合のリスクを上回らないときに存在する．

注記2　特に強いセキュリティの求められる環境においては，テナントのアイデンティティですら秘密とされる．

（**ISO/IEC 27040**:2015 の **3.39** 参照）

❖解　説

テナントごとのセキュリティを確保したマルチテナンシが“セキュアマルチテナンシ”である．

(b)　ピアクラウドサービスプロバイダ

ISO/IEC 17789 において定義されている用語である．

クラウドサービスサプライチェーンにおいて，あるクラウドサービスプロバイダが利用する別のクラウドサービスを提供する事業者を“ピアクラウドサービスプロバイダ”という．例えば，A 社の IaaS 上に B 社が SaaS を構築してサービスする場合，A 社が B 社に対して“ピアクラウドサービスプロバイダ”となる．この場合，B社はA社に対してはクラウドサービスカスタマにあたる．

(c)　仮想マシン

3.1.4

仮想マシン，VM（virtual machine）

ゲストソフトウェアの実行を支援する環境一式．

注記　仮想マシンは，仮想ハードウェア，仮想ディスク，及び関連するメタデータを全てカプセル化したものである．仮想マシンは，ハイパーバイザと呼ばれるソフトウェア層によって，基盤となる物理マシンの多重利用を可能としている．

（**ISO/IEC 17203**:2011 の **3.20** を変更した．）

❖解　説

図 2.1 はクラウドコンピューティング環境の仮想マシンにかかる部分を図示したものである．仮想マシンは，ハイパーバイザなど，仮想マシンモニタ上に設けられ，コンピュータ機器として機能する．

なお，仮想マシンモニタは機器などを仮想化する機能をもつ．

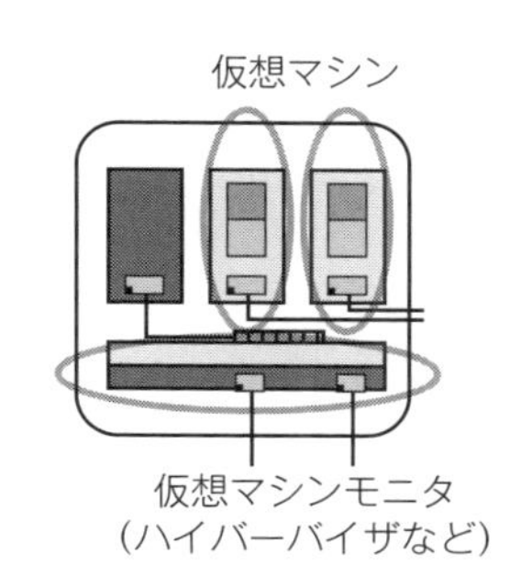

図 2.1　仮想マシンモニタと仮想マシンの関係

(d)　管理インタフェース

クラウドサービスを利用するためにクラウドサービスカスタマに提供される管理画面をいう．クラウドサービス実務管理者は管理インタフェースを通じて，システムの設定や権限の設定などを行うことができる．

(5)　クラウドサービスのデータ

クラウドサービスにおいては，クラウドサービスプロバイダやクラウドサービスカスタマがインプットやアウトプットしたデータのほかに，クラウドサービスのオペレーション上で派生的に生成されるデータがある．

ISO/IEC 17788(JIS X 9401)

3.2.12

クラウドサービスカスタマデータ（cloud service customer data）

クラウドサービスカスタマの（法的又はその他の理由によって）管理下にあるデータオブジェクトの種類であって，クラウドサービスに入力した，又はクラウドサービスの公開インタフェースを使ってクラウドサービスカスタマ又はその代理人がクラウドサービスの能力を実行して生じるもの.

注記 1　法的規制の一例は著作権である.

注記 2　クラウドサービスが，クラウドサービスカスタマデータではないデータを保持又は操作するかもしれない．この場合，データはクラウドサービスプロバイダが利用可能にしたもの，若しくは他のソースに含まれていたものかもしれない，又は公開済みデータかもしれない．しかしながら，このデータに対してクラウドサービスの能力を使ってクラウドサービスカスタマの活動の結果として生成された任意の出力データは，クラウドサービスの合意に反する特別な条項がない限り，著作権の一般原則に従って，クラウドサービスカスタマデータとなり得る.

❖解　説

“クラウドサービスカスタマデータ”は，クラウドサービスカスタマが作成し，所有するデータである.

ISO/IEC 17788（JIS X 9401）

3.2.16

クラウドサービスプロバイダデータ（cloud service provider data）

クラウドサービスプロバイダによる管理下で，クラウドサービスの運用に固有のデータオブジェクトのクラス.

注記　クラウドサービスプロバイダデータには次のことが含まれるが，それらに限定されるものではない.

—リソースの構成・利用に関する情報

—クラウドサービスに固有の仮想マシン，ストレージ及びネットワークのリソース配分

—データセンタ全体の構成・利用

—物理的及び仮想的なリソースの故障率及び運用コスト

❖解　説

クラウドサービスプロバイダがクラウドサービスの運用に用いるデータを“クラウドサービスプロバイダデータ”という．“注記”にあるとおり，クラウドサービスプロバイダデータには，リソース（資源）の構成・利用に関する情報，リソース（資源）の配分，データセンタ全体の構成などが含まれる.

ISO/IEC 17788(JIS X 9401)

3.2.13

クラウドサービス派生データ（cloud service derived data）

クラウドサービスカスタマによってクラウドサービスと相互作用した結果として派生した，クラウドサービスプロバイダの管理下にあるデータオブジェクトの種類．

注記　クラウドサービス派生データには，サービスカスタマ，利用時間，作業内容，関係したデータの型などの記録が入ったログデータが含まれる．認可されたユーザの数及び属性に関する情報が含まれることもある．クラウドサービスに構成及びカスタマイズする能力がある場合，構成又はカスタマイズしたデータが含まれることもある．

❖解　説

クラウドサービスカスタマがクラウドサービスを利用することにより，クラウドコンピューティング環境に派生的に生成されるデータがある．これを“クラウドサービス派生データ”という．例えば，データ検索サービスで必要となるタグ付けのためのタグは，クラウドサービス派生データの一種である．

なお，クラウドサービスカスタマが意図して行った処理に伴って生成されるデータは，クラウドサービスカスタマデータの“注記”にあるとおり，原則としてクラウドサービスカスタマの所有となる．

3.2　略　　語

3.2　略語

この規格で用いる略語を，次に示す．

IaaS　インフラストラクチャアズアサービス（Infrastructure as a Service）

PaaS　プラットフォームアズアサービス（Platform as a Service）

PII　個人を特定できる情報（Personally Identifiable Information）

SaaS　ソフトウェアアズアサービス（Software as a Service）

SLA　サービスレベル合意書（Service Level Agreement）

❖解　説

略語は“IaaS，PaaS，SaaS，PII，SLA”の五つである．IaaSとPaaS，SaaSはクラウドサービスの形態である．PIIは個人を特定する符号，SLAはサービスレベル合意書の略語として使われている．

4 クラウド分野固有の概念

4.1 概 要

4 クラウド分野固有の概念

4.1 概要

クラウドコンピューティングの利用によって，コンピューティング資源の技術的な設計，運用及びガバナンスに重大な変化が生じ，それによって組織が情報セキュリティリスクを評価し低減する方法も変化した．この規格は，クラウドサービス固有の情報セキュリティの脅威及びリスクに対処するため，**JIS Q 27002** に基づきクラウドサービス固有の追加の実施の手引を提供するとともに，追加の管理策を提供する．

この規格の読者は，管理策，実施の手引及び関連情報について，**JIS Q 27002** の箇条**5**～箇条**18** を参照することが望ましい．**JIS Q 27002** は汎用的に適用可能であるため，その管理策，実施の手引及び関連情報の多くは，組織の一般的な場面及びクラウドコンピューティングの場面のいずれにも適用される．例えば，**JIS Q 27002** の **6.1.2**（職務の分離）はクラウドサービスプロバイダであるか否かを問わず適用できる管理策である．また，クラウドサービスカスタマにおけるクラウドサービス実務管理者とクラウドサービスユーザとの分離など，クラウドサービスカスタマは，同じ管理策からクラウド環境における職務の分離の要求事項を導き出すことができる．

JIS Q 27002 の拡張として，この規格は，さらに，クラウドサービスの技術的及び運用上の特徴に伴うリスク（**附属書 B** 参照）を低減するための，クラウドサービス固有の管理策，実施の手引及び関連情報（**4.5** 参照）を提供する．クラウドサービスカスタマ及びクラウドサービスプロバイダは，**JIS Q 27002** 及びこの規格を，管理策及び実施の手引を選択するために参照し，必要であればその他の管理策を追加することもできる．このプロセスは，クラウドサービスが利用又は提供される組織及び事業の状況における，情報セキュリティリスクアセスメント及びリスク対応の実施によって行うことができる（**4.4** 参照）．

❖解 説

“4.1 概要”では，冒頭に“クラウドサービスの利用又は提供の際の情報セキュリティ対策はISO/IEC 27002（JIS Q 27002）が適用される”ことが述べられている．そのうえで，クラウドサービス固有の技術的及び運用上の特徴に対応する対策の記載とクラウドサービスの利用又は提供に関するリスク分析の結果に基づく対策の導入・実施を行うことが記載されている．

4.2　クラウドサービスにおける供給者関係

> **4.2　クラウドサービスにおける供給者関係**
>
> **JIS Q 27002** の箇条 **15**（供給者関係）は，供給者関係における情報セキュリティの管理のための管理策，実施の手引及び関連情報を提供する．クラウドサービスの提供及び利用は，クラウドサービスカスタマを調達者，クラウドサービスプロバイダを供給者とする一種の供給者関係である．したがって，この箇条は，クラウドサービスカスタマ及びクラウドサービスプロバイダに適用される．
>
> クラウドサービスカスタマ及びクラウドサービスプロバイダは，さらに，サプライチェーンを形成することがある．クラウドサービスプロバイダがインフラストラクチャ能力型のサービスを提供していると仮定する．そのサービス上で，別のクラウドサービスプロバイダがアプリケーション能力型のサービスを提供しているとする．この場合，後者のクラウドサービスプロバイダは，前者のクラウドサービスプロバイダに対してはクラウドサービスカスタマであり，自身のクラウドサービスのカスタマに対してはクラウドサービスプロバイダである．この例は，この規格を，一つの組織にクラウドサービスカスタマ及びクラウドサービスプロバイダの両方の立場で適用する場合を示している．クラウドサービスカスタマ及びクラウドサービスプロバイダは，クラウドサービスの設計及び実装を通してサプライチェーンを形成しているため，**JIS Q 27002** の **15.1.3**（ICT サプライチェーン）が適用される．
>
> 部編成の国際規格 **ISO/IEC 27036** は，製品及びサービスの調達者及び供給者に対して，供給者関係における情報セキュリティについての詳細な手引を提供している．**ISO/IEC 27036-4** は，供給者関係におけるクラウドサービスの情報セキュリティを直接扱っている．この規格も，クラウドサービスカスタマを調達者，クラウドサービスプロバイダを供給者として適用可能である．

❖解　説

“4.2 クラウドサービスにおける供給者関係”では，クラウドサービスの利用又は提供がISO/IEC 27002の“15 供給者関係”であること，また，クラウドサービスにおけるサプライチェーンの状況が記載されている．そして，供給者関係の情報セキュリティ対策を規定しているISO/IEC 27036に関する記載がある．

なお，ISO/IEC 27036は四つのパートに分かれた規格であり，Part 1が概要と概念，Part 2が供給者関係，Part 3がICTサプライチェーン，Part 4がクラウドサービスである．Part 4は2016年に発行された規格であり，箇条5

では，クラウドサービスのセキュリティに関する鍵となる概念が提示され，箇条6では，システムライフサイクルの流れに従ってクラウドサービスのセキュリティ対策が整理され，箇条7では，クラウドサービスの提供タイプごとに必要な対策がまとめられている．

ISO/IEC 27017が運用を中心とした情報セキュリティ対策の規格であるのに対し，クラウドサービスの導入から終了までの規格がISO/IEC 27036-4である．ISO/IEC 27017とあわせて，ISO/IEC 27036-4（Part 4：Guidelines for security of cloud services）を活用することが望ましい．なお，ISO/IEC 27036-4の概要を本書の付録としたので参考にされたい．

4.3　クラウドサービスカスタマとクラウドサービスプロバイダとの関係

4.3　クラウドサービスカスタマとクラウドサービスプロバイダとの関係

クラウドコンピューティング環境においては，クラウドサービスカスタマデータはクラウドサービスによって保存され，転送され，処理される．したがって，クラウドサービスカスタマのビジネスプロセスはクラウドサービスの情報セキュリティに依存し得る．クラウドサービスの管理が十分でない場合，クラウドサービスカスタマは，情報セキュリティの実践に当たり，必要以上の注意を払わなければならない可能性もある．

クラウドサービスカスタマは，クラウドサービスプロバイダとの供給者関係に入る前にクラウドサービスカスタマの情報セキュリティ要求事項とクラウドサービスが提供できる情報セキュリティの実施能力との間に存在し得るかい離を考慮し，クラウドサービスを選択する必要がある．クラウドサービスカスタマが，一旦クラウドサービスを選択したならば，クラウドサービスカスタマの情報セキュリティ要求事項に適合するように，クラウドサービスの利用を管理することが望ましい．この供給者関係において，クラウドサービスプロバイダは，クラウドサービスカスタマがその情報セキュリティ要求事項を満たすために必要な情報及び技術支援を提供することが望ましい．クラウドサービスプロバイダが実施している情報セキュリティ管理策があらかじめ設定されたもので，クラウドサービスカスタマに変更できないものであった場合，クラウドサービスカスタマはリスクを低減するために，自らの追加の管理策を実施することが必要なときがある．

❖解　説

“4.3 クラウドサービスカスタマとクラウドサービスプロバイダとの関係”

では，クラウドサービスカスタマがクラウドサービスを利用する場合の注意事項を踏まえて，事前に自身の情報セキュリティ要求事項に適合するクラウドサービスを選択することが記載されている．

これに対して，クラウドサービスプロバイダがクラウドサービスカスタマへ情報セキュリティに関する情報や機能の提供を行い，クラウドサービスカスタマがそれを踏まえて自身の要求事項とクラウドサービスプロバイダの提供内容との乖離を埋める対策を行う必要性が記載されている．

4.4　クラウドサービスにおける情報セキュリティリスクの管理

4.4　クラウドサービスにおける情報セキュリティリスクの管理

クラウドサービスカスタマ及びクラウドサービスプロバイダは，いずれも，情報セキュリティリスクマネジメントプロセスを備えていることが望ましい．情報セキュリティマネジメントシステムにおけるリスクマネジメントを実施するための要求事項については **JIS Q 27001** を参照し，情報セキュリティリスクマネジメントそのものの更なる指針については，**ISO/IEC 27005** を参照することを勧める．**JIS Q 27001** 及び **ISO/IEC 27005** は **JIS Q 31000** に整合性がとれており，その **JIS Q 31000** はリスクマネジメントの一般的な理解に役立つ．

情報セキュリティリスクマネジメントプロセスの一般的な適用性とは対照的に，クラウドコンピューティングには，その特性（例えば，ネットワーク，システムのスケーラビリティ及び弾力性，資源共有，セルフサービスプロビジョニング，オンデマンド管理，法域を超えたサービスの提供及び管理策の実施についての可視性が限られていること）に由来する，固有の，脅威及びぜい弱性を含むリスク源がある．**附属書 B** に，クラウドサービスの提供及び利用における，これらのリスク源及び関連するリスクについて，情報を提供する参考文献を示す．

この規格の箇条 **5**～箇条 **18** 及び**附属書 A** の管理策及び実施の手引は，クラウドコンピューティング固有のリスク源及びリスクに対処するものである．

❖解　説

“4.4 クラウドサービスにおける情報セキュリティリスクの管理”では，リスク管理にあたっては ISO/IEC 27001（JIS Q 27001）を用いるべきこと，及びリスク評価のために附属書 B でとりまとめたリスクに関する参考文献があることが記載されている．

4.5　規格の構成

4.5　規格の構成

この規格は，**JIS Q 27002** に類似した形式で構成されている．この規格は，各箇条及び段落において **JIS Q 27002** の該当するテキストの適用を記載することによって，**JIS Q 27002** の箇条 **5**〜箇条 **18** を包含している．

JIS Q 27002 で規定する管理目的及び管理策が，追加の情報を必要とすることなく適用できる場合には，**JIS Q 27002** への参照だけを示す．

JIS Q 27002 の管理目的又は管理策に加えて，管理策を伴う管理目的又は **JIS Q 27002** の管理目的の配下の管理策が必要な場合は，これらを"**附属書 A（規定）クラウドサービス拡張管理策集**"に記載している．**JIS Q 27002** 又はこの規格の**附属書 A** の管理策が，管理策に関連する追加のクラウドサービス固有の実施の手引を必要とする場合には，これを"**クラウドサービスのための実施の手引**"の見出しの下に示す．手引は，次の2種類のうちのいずれかの形式で示す．

タイプ1は，クラウドサービスカスタマ及びクラウドサービスプロバイダに対し，個別の手引がある場合に用いる．

タイプ2は，クラウドサービスカスタマ及びクラウドサービスプロバイダの両者に対し，同じ手引がある場合に用いる．

タイプ 1

クラウドサービスカスタマ	クラウドサービスプロバイダ

タイプ 2

クラウドサービスカスタマ	クラウドサービスプロバイダ

考慮が必要となり得る追加の情報は，"**クラウドサービスのための関連情報**"の見出しの下にこれを示す．

❖解　説

"4.5 規格の構成"では，次の内容が記載されている．

・ISO/IEC 27017 が ISO/IEC 27002 を包含していること，及びそのため ISO/IEC 27002 との重複記載の回避が行われていること

・実施の手引が表形式でクラウドサービスカスタマとクラウドサービスプロバイダが対比した形式となっていること

・クラウドサービス固有の管理策が附属書 A に記載されていること

本規格の利用にあたっては，この構成を理解しておくことが必要である．

第3章　クラウドサービスカスタマのための ISO/IEC 27017の解説

本章は，ISO/IEC 27017の規格本文（箇条5～箇条18）及び附属書Aの解説にあたって，次の二つの点に対して，“クラウドサービスカスタマ”の視点から解説を行う．

① ISO/IEC 27002に記載される関係する管理策への追加の実施の手引

② クラウドサービスに対して，特に関係する管理策への追加の管理策及びその実施の手引，必要に応じてクラウドサービスのための関連情報

(1) 規格の引用

ISO/IEC 27017は，ISO/IEC 27002をベースにクラウドサービス固有の管理策及び実施の手引を追加して作成された規格である．

本章では，規格解説の理解を促すため，クラウドサービス固有の解説を行う箇条は，ISO/IEC 27017（JIS Q 27017）を逐条的に全文を引用して，で囲み，さらに，ISO/IEC 27002（JIS Q 27002）からは，対応する“目的”と“管理策”を引用して，で囲んでいる．

本章は，ISO/IEC 27017（JIS Q 27017）にISO/IEC 27002（JIS Q 27002）を埋め込む二重の構造をとっており，ISO/IEC 27017やISO/IEC 27002の構成と異なることに留意されたい．

なお，ISO/IEC 27002の日本語訳でもあるJIS Q 27002:2014には，規格の一部に訂正があり，官報を通じて正誤票が公表されている．本書では，引用している同規格の細目箇条“8.1.1 資産目録”の管理策に対して，その訂正を反映している．

(2)　箇条の構成

ISO/IEC 27017 では，附属書 A に“クラウドサービス拡張管理策集”として，クラウドサービス固有の“管理目的及び管理策，実施の手引，関連情報”が追加してまとめられている．この附属書 A は規定（normative）であるので，規格本文と同様の対応が必要となる．

本書では，ISO/IEC 27017 の構成に準じて規格本文と附属書 A とを分けて解説するのではなく，それぞれの拡張管理策（附属書 A の追加の管理策）を該当する規格本文に挿入して，箇条ごとの意図が把握できるように解説している．ここでも，ISO/IEC 27017 の構成と異なることに留意されたい．なお，細目箇条の冒頭に“CLD.”と付されているものが拡張管理策にあたる．

(3)　用語の定義

第 2 章では，ISO/IEC 27017 で定義されている四つの用語に加えて，ISO/IEC 27017 を理解するために必要な ISO/IEC 17788（JIS X 9401），ISO/IEC 17789 で定義されている用語について詳述している．本章の規格解説で記される用語の定義や意味については，第 2 章を参照されたい．

ISO/IEC 27000（JIS Q 27000）で定義される用語については，『ISO/IEC 27001:2013（JIS Q 27001:2014）情報セキュリティマネジメントシステム―要求事項の解説』（日本規格協会，2014）に詳述されているので，同書を参照されたい．

(4)　ISO/IEC 27002 の解説

本章では，ISO/IEC 27002 の管理策（管理目的及び管理策，実施の手引，関連情報）については“ISO/IEC 27002（JIS Q 27002）と同様の対策を実施する”という記述にとどめている．

同規格の解説は，『ISO/IEC 27002:2013（JIS Q 27002:2014）情報セキュリティ管理策の実践のための規範―解説と活用ガイド』（日本規格協会，2015）に詳述されているので，同書を参照されたい．

5 情報セキュリティのための方針群

5.1 情報セキュリティのための経営陣の方向性

5 情報セキュリティのための方針群

5.1 情報セキュリティのための経営陣の方向性

JIS Q 27002 の **5.1** に定める管理目的を適用する.

JIS Q 27002:2014

目的 情報セキュリティのための経営陣の方向性及び支持を，事業上の要求事項並びに関連する法令及び規制に従って提示するため.

5.1.1 情報セキュリティのための方針群

JIS Q 27002 の **5.1.1** に定める管理策並びに付随する実施の手引及び関連情報を適用する. 次のクラウドサービス固有の実施の手引も適用する.

JIS Q 27002:2014

管理策

情報セキュリティのための方針群は，これを定義し，管理層が承認し，発行し，従業員及び関連する外部関係者に通知することが望ましい.

注記 管理層には，経営陣及び管理者が含まれる. ただし，実務管理者（administrator）は除かれる.

クラウドサービスのための実施の手引

クラウドサービスカスタマ	クラウドサービスプロバイダ
クラウドコンピューティングのための情報セキュリティ方針を，クラウドサービスカスタマのトピック固有の方針として定義することが望ましい. クラウドサービスカスタマのクラウドコンピューティングのための情報セキュリティ方針は，組織の情報及びその他の資産に対する情報セキュリティリスクの受容可能なレベルと矛盾しないものとすることが望ましい. クラウドコンピューティングのための情報セキュリティ方針を定義する際には，クラウドサービスカスタマは，次の事項を考慮することが望ましい. —クラウドコンピューティング環境に保存する情報は，クラウドサービスプロ	クラウドサービスプロバイダは，クラウドサービスの提供及び利用に取り組むため，次の事項を考慮し，情報セキュリティ方針を拡充することが望ましい. —クラウドサービスの設計及び実装に適用する，最低限の情報セキュリティ要求事項 —認可された内部関係者からのリスク —マルチテナンシ及びクラウドサービスカスタマの隔離（仮想化を含む.） —クラウドサービスプロバイダの担当職員による，クラウドサービスカスタマの資産へのアクセス —アクセス制御手順（例えば，クラウドサービスへの管理上のアクセスのための強い認証）

バイダによるアクセス及び管理の対象となる可能性がある． —資産（例えば，アプリケーションプログラム）は，クラウドコンピューティング環境の中に保持される可能性がある． —処理は，マルチテナントの仮想化されたクラウドサービス上で実行される可能性がある． —クラウドサービスユーザ，及びクラウドサービスユーザがクラウドサービスを利用する状況 —クラウドサービスカスタマの，特権的アクセスをもつクラウドサービス実務管理者 —クラウドサービスプロバイダの組織の地理的所在地，及びクラウドサービスプロバイダが（たとえ，一時的にでも）クラウドサービスカスタマデータを保存する可能性のある国	—変更管理におけるクラウドサービスカスタマへの通知 —仮想化セキュリティ —クラウドサービスカスタマデータへのアクセス及び保護 —クラウドサービスカスタマのアカウントのライフサイクル管理 —違反の通知，並びに調査及びフォレンジック（forensics）を支援するための情報共有指針

クラウドサービスのための関連情報

クラウドサービスカスタマのクラウドコンピューティングのための情報セキュリティ方針は，**JIS Q 27002** の **5.1.1** に定めるトピック固有の方針の一つである．組織の情報セキュリティ方針は，その組織の情報及びビジネスプロセスを扱う．組織がクラウドサービスを利用する際には，クラウドサービスカスタマとして，クラウドコンピューティングのための方針をもつことができる．組織の情報は，クラウドコンピューティング環境に保存及び維持することができ，ビジネスプロセスは，クラウドコンピューティング環境にて運用することができる．一般的な情報セキュリティ要求事項を最上位の情報セキュリティ方針に定め，続いて，クラウドコンピューティングのための方針を定める．

これとは対照的に，クラウドサービスを提供するための情報セキュリティ方針は，クラウドサービスカスタマの情報及びビジネスプロセスを扱うが，クラウドサービスプロバイダの情報及びビジネスプロセスは扱わない．クラウドサービスの提供のための情報セキュリティ要求事項は，クラウドサービスの利用が見込まれる者の情報セキュリティ要求事項を満たすことが望ましい．その結果，クラウドサービスの提供のための情報セキュリティ要求事項は，クラウドサービスプロバイダの情報及びビジネスプロセスの情報セキュリティ要求事項と不整合が生じる可能性がある．情報セキュリティ方針の適用範囲は，組織構造又は組織の物理的場所で定義するだけでなく，サービスの観点から定義できることも多い．

クラウドコンピューティングにおける仮想化セキュリティには，仮想インスタンスのライフサイクル管理，仮想イメージの保存及びアクセス制御，休止状態又はオフラインの仮想インスタンスの扱い，スナップショット，ハイパーバイザの保護，並びにセルフサービスポータルの利用を管理する情報セキュリティ管理策を含む，幾つかの側面がある．

❖解　説

クラウドサービスはオンプレミスと異なる環境であること，特に，システム運用の多くについてクラウドサービスカスタマが制御できないことから，利用するうえで固有のリスクがある．このリスクに対応したクラウドサービス利用のための情報セキュリティ方針をトピック固有の方針として定義する必要がある．

クラウドサービス利用のための情報セキュリティ方針は，基本的には組織の最上位の情報セキュリティ方針で定められる情報セキュリティ要求事項を満たさなければならない．クラウドサービス利用のための情報セキュリティ方針においては，クラウドコンピューティング環境へのアクセスやマルチテナンシなどのクラウドサービス固有のリスクや状況を考慮した情報セキュリティ要求事項を定める必要がある．

5.1.2　情報セキュリティのための方針群のレビュー

JIS Q 27002 の **5.1.2** に定める管理策及び付随する実施の手引を適用する．

❖解　説

5.1.2 については，ISO/IEC 27002（JIS Q 27002）と同様の対策を実施する．

6　情報セキュリティのための組織

6.1　内 部 組 織

6　情報セキュリティのための組織

6.1　内部組織

JIS Q 27002 の **6.1** に定める管理目的を適用する．

JIS Q 27002:2014

目的　組織内で情報セキュリティの実施及び運用に着手し，これを統制するための管理上の枠組みを確立するため．

6.1.1　情報セキュリティの役割及び責任

JIS Q 27002 の **6.1.1** に定める管理策並びに付随する実施の手引及び関連情報を適用する．次のクラウドサービス固有の実施の手引も適用する．

JIS Q 27002:2014

管理策

全ての情報セキュリティの責任を定め，割り当てることが望ましい．

クラウドサービスのための実施の手引

クラウドサービスカスタマ	クラウドサービスプロバイダ
クラウドサービスカスタマは，クラウドサービスプロバイダと，情報セキュリティの役割及び責任の適切な割当てについて合意し，割り当てられた役割及び責任を遂行できることを確認することが望ましい．両当事者の情報セキュリティの役割及び責任は，合意書に記載することが望ましい． クラウドサービスカスタマは，クラウドサービスプロバイダの顧客支援・顧客対応機能との関係を特定し，管理することが望ましい．	クラウドサービスプロバイダは，そのクラウドサービスカスタマ，クラウドサービスプロバイダ及び供給者と，情報セキュリティの役割及び責任の適切な割当てについて合意し，文書化することが望ましい．

クラウドサービスのための関連情報

責任の割当てを当事者内及び当事者間で決定しても，なお，クラウドサービスカスタマは，サービスを利用するという決定に責任を負う．その決定は，クラウドサービスカスタマの組織内で定められた役割及び責任に従って行うことが望ましい．クラウドサービスプロバイダは，クラウドサービスの合意書の一部として定める情報セキュリティに対して責任を負う．情報セキュリティの実装及び提供は，クラウドサービスプロバイダの組織内で定められた役割及び責任に従って行うことが望ましい．

特に第三者に対応する際に，データの管理責任，アクセス制御，基盤の保守のような事項の，役割並びに責任の定義及び割当てが曖昧なことによって，事業上の又は法的な紛争が起こる可能性がある．

クラウドサービスの利用中に生成又は変更される，クラウドサービスプロバイダのシステム上のデータ及びファイルは，サービスのセキュリティを保った運用，回復及び継続にとって極めて重要であり得る．全ての資産の管理責任，並びにバックアップ及び回復の運用のような，これらの資産に関連する運用に責任をもつ当事者を，定義し，文書化することが望ましい．そうでなければ，クラウドサービスプロバイダは，クラウドサービスカスタマが当然これらの不可欠の業務を実施すると想定し，又はクラウドサービスカスタマは，クラウドサービスプロバイダが当然これらの不可欠な業務を実施すると想定することによって，データの消失が発生するリスクがある．

❖解　説

クラウドサービスの利用は他の組織が提供するシステム環境を利用して情報処理を行うことを意味する．このため，利用にあたっては自身がどの範囲までの責任を負うかについて明確にすることが情報セキュリティ対策の基礎となる．クラウドサービスカスタマはクラウドサービスプロバイダとの間で，おのおのの情報セキュリティの役割及び責任の範囲をクラウドサービスプロバイダが提供するクラウドサービスの合意書で確認する．

この確認においては，クラウドサービスのための関連情報に記載される次の文，“特に第三者に対応する際に，データの管理責任，アクセス制御，基盤の保守のような事項の，役割並びに責任の定義及び割当てが曖昧なことによって，事業上の又は法的な紛争が起こる可能性がある”ことに留意するとよい．

また，同様に，クラウドサービスのための関連情報にある“クラウドサービスの利用中に生成又は変更される，クラウドサービスプロバイダのシステム上のデータ及びファイル”[*1]は，クラウドサービス利用の継続に不可欠であるため，その管理責任をどちらが担うかを明確にする必要がある．

クラウドサービスプロバイダが実施責任を有するISO/IEC 27002に基づく情報セキュリティ対策に対して，クラウドサービスカスタマが要求事項（例え

[*1] これは“クラウドサービスカスタマ派生データ”である．

ば，クラウドサービスプロバイダが使用する暗号の強度や契約終了時に保持されているバックアップデータの管理）を有する場合は，その内容が満たされるかについて確認する．

合意内容に基づいて，クラウドサービスプロバイダは情報セキュリティに関してクラウドサービスカスタマを支援する機能や対応する機能を整備しなければならない．クラウドサービスカスタマはクラウドサービスプロバイダの顧客支援・顧客対応機能を特定するとともに，それらによって合意内容がサービス利用期間を通じて満たされていることを確認し，合意が確実に履行されるように管理する必要がある．

クラウドサービスの場合，クラウドサービスカスタマの要求に対して，クラウドサービスプロバイダが個別に要求に応じた形で合意することが困難な場合が多い．通常は，クラウドサービスプロバイダが提示する合意書に対して，クラウドサービスカスタマが情報セキュリティの役割及び責任の範囲も含め，自らの情報セキュリティ要求事項を満たすかどうかを確認し，そのうえで当該クラウドサービスを利用するという形態になる．クラウドサービスのための実施の手引にある“合意書”には，利用規約などのサービス約款，SLA などの利用規約に付随する契約文書やセキュリティホワイトペーパー，クラウドサービスの技術仕様が記載された文書が含まれる．

なお，当該クラウドサービスを利用する最終責任はクラウドサービスカスタマがもつのであり，クラウドサービスプロバイダに全面的に任せることはできないことに留意する必要がある．

6.1.2　職務の分離

JIS Q 27002 の **6.1.2** に定める管理策並びに付随する実施の手引及び関連情報を適用する．

❖解　説

6.1.2 については，ISO/IEC 27002（JIS Q 27002）と同様の対策を実施する．

6.1.3　関係当局との連絡

JIS Q 27002 の **6.1.3** に定める管理策並びに付随する実施の手引及び関連情報を適用する．次のクラウドサービス固有の実施の手引も適用する．

JIS Q 27002:2014

管理策

関係当局との適切な連絡体制を維持することが望ましい．

クラウドサービスのための実施の手引

クラウドサービスカスタマ	クラウドサービスプロバイダ
クラウドサービスカスタマは，クラウドサービスカスタマ及びクラウドサービスプロバイダが併せて行う操作に関連する関係当局を特定することが望ましい．	クラウドサービスプロバイダは，クラウドサービスカスタマに，クラウドサービスプロバイダの組織の地理的所在地，及びクラウドサービスプロバイダが，クラウドサービスカスタマデータを保存する可能性のある国を通知することが望ましい．

クラウドサービスのための関連情報

クラウドサービスカスタマデータを保存，処理又は伝送する可能性のある地理的位置の情報は，クラウドサービスカスタマが，監督官庁及び法域を決定することに役立つ．

❖解　説

クラウドサービスを利用する場合，情報処理はクラウドサービスプロバイダが保有するクラウドコンピュータシステム（物理層からアプリケーションまでの間でクラウドサービスプロバイダが保有し，運用する範囲）において，クラウドサービスカスタマがクラウドサービスカスタマデータに対して何らかのアクションを起こし，クラウドサービスプロバイダが処理するという連携した形態で行われる．クラウドサービスのための実施の手引にある“クラウドサービスカスタマ及びクラウドサービスプロバイダがあわせて行う操作”とはこのことを意味する．

クラウドサービスカスタマとクラウドサービスプロバイダの操作が一体的な状況にあるため，オンプレミス環境でクラウドサービスカスタマが順守すべき法令又は規制の改正動向の把握や，情報セキュリティインシデントなどが発生した際の報告のための関係当局（例えば，法の執行機関，規制当局，監督官庁）は，クラウドサービスプロバイダの責任範囲とも関係する．

クラウドサービスカスタマは，自身が所在する地域の関係当局だけでなく，クラウドサービスプロバイダのクラウドサービス関連の事業所が所在する地域の関係当局を把握して，連絡体制を維持する必要がある．このため，クラウドサービス利用に際して，クラウドサービスプロバイダからこれらの情報を入手し，確認する必要がある．

クラウドサービスプロバイダ向けのクラウドサービスのための実施の手引では，“組織の地理的所在地，及びクラウドサービスプロバイダが，クラウドサービスカスタマデータを保存する可能性のある国”の通知が望ましいとされているので，少なくともこれらの情報を得ておく．ただし，“18.1.1 適用法令及び契約上の要求事項の特定”においては，クラウドサービスプロバイダが法域（法令が適用される地域）を知らせることを求めており，法域として情報を入手し，それに基づいて関係当局を特定することが必要である．

加えて，クラウドサービスプロバイダの順法状況もクラウドサービスカスタマに影響を及ぼす可能性があるため，影響がある範囲で，クラウドサービスプロバイダの順守すべき法域や関係当局も把握する必要がある．

6.1.4　専門組織との連絡

JIS Q 27002 の **6.1.4** に定める管理策並びに付随する実施の手引及び関連情報を適用する．

6.1.5　プロジェクトマネジメントにおける情報セキュリティ

JIS Q 27002 の **6.1.5** に定める管理策及び付随する実施の手引を適用する．

❖解　説

6.1.4，6.1.5 については，それぞれ ISO/IEC 27002（JIS Q 27002）と同様の対策を実施する．

6.2　モバイル機器及びテレワーキング

6.2　モバイル機器及びテレワーキング

JIS Q 27002 の **6.2** に定める管理目的を適用する．

JIS Q 27002:2014

目的　モバイル機器の利用及びテレワーキングに関するセキュリティを確実にするため．

6.2.1　モバイル機器の方針

JIS Q 27002 の **6.2.1** に定める管理策並びに付随する実施の手引及び関連情報を適用する．

6.2.2　テレワーキング

JIS Q 27002 の **6.2.2** に定める管理策並びに付随する実施の手引及び関連情報を適用する．

❖解　説

6.2.1，6.2.2 については，それぞれ ISO/IEC 27002（JIS Q 27002）と同様の対策を実施する．

CLD.6.3　クラウドサービスカスタマとクラウドサービスプロバイダとの関係

CLD.6.3　クラウドサービスカスタマとクラウドサービスプロバイダとの関係

目的　情報セキュリティマネジメントに関してクラウドサービスカスタマとクラウドサービスプロバイダとの間で共有し分担する役割及び責任について，両者間の関係を明確にするため．

❖解　説

本管理策の管理目的は，クラウドサービスを利用する場合に，クラウドサービスカスタマの情報セキュリティ対策がクラウドサービスプロバイダの支援なしには実施できないため，双方が協調的に役割を分担し，おのおのがその役割を果たすことが必要であることから設けられたものである．

なお，“6.1.1 情報セキュリティの役割及び責任”も役割分担を規定している．6.1.1 はクラウドサービスカスタマとクラウドサービスプロバイダとの間の分担関係を規定し，“CLD.6.3.1 クラウドコンピューティング環境における役割及び責任の共有及び分担”はその役割分担に基づく，おのおのの組織内部におけるクラウドサービス固有の役割分担を規定している．

CLD.6.3.1　クラウドコンピューティング環境における役割及び責任の共有及び分担

管理策

クラウドサービスの利用に関して共有し分担する情報セキュリティの役割を遂行する責任は，クラウドサービスカスタマ及びクラウドサービスプロバイダのそれぞれにおいて特定の関係者に割り当て，文書化し，伝達し，実施することが望ましい．

クラウドサービスのための実施の手引

クラウドサービスカスタマ	クラウドサービスプロバイダ
クラウドサービスカスタマは，クラウドサービスの利用に合わせて方針及び手順を定義又は追加し，クラウドサービスユーザにクラウドサービスの利用における自らの役割及び責任を意識させることが望ましい．	クラウドサービスプロバイダは，自らの情報セキュリティの能力，役割及び責任を文書化し伝達することが望ましい．さらに，クラウドサービスプロバイダは，クラウドサービスの利用の一部としてクラウドサービスカスタマが実施及び管理することが必要となる情報セキュリティの役割及び責任を，文書化し伝達することが望ましい．

クラウドサービスのための関連情報

クラウドコンピューティングでは，役割及び責任は，典型的にはクラウドサービスカスタマの従業員とクラウドサービスプロバイダの従業員とに分けられる．役割及び責任の割当てにおいては，クラウドサービスプロバイダが管理者となるクラウドサービスカスタマデータ及びアプリケーションを考慮することが望ましい．

❖解　説

“6.1.1 情報セキュリティの役割及び責任”で合意された，クラウドサービスカスタマとクラウドサービスプロバイダとの間の役割分担に基づいて，本管理策でそれぞれの組織内の役割を定義することが必要である．クラウドサービスカスタマ内のそれぞれの役割については，ISO/IEC 17789 の“8.2 Cloud service customer / 8.2.1 Role”に以下の定義がある［本書では第2章の3.1節(2)(b)，45ページを参照］．

8.2.1.1　cloud service user（クラウドサービスユーザ）

8.2.1.2　cloud service administrator（クラウドサービス実務管理者）

8.2.1.3　cloud service business manager（クラウドサービスビジネスマネージャ）

8.2.1.4　cloud service integrator（クラウドサービスインテグレータ）

7　人的資源のセキュリティ

7.1　雇　用　前

7　人的資源のセキュリティ

7.1　雇用前

JIS Q 27002 の **7.1** に定める管理目的を適用する．

JIS Q 27002:2014

目的　従業員及び契約相手がその責任を理解し，求められている役割にふさわしいことを確実にするため．

7.1.1　選考

JIS Q 27002 の **7.1.1** に定める管理策及び付随する実施の手引を適用する．

7.1.2　雇用条件

JIS Q 27002 の **7.1.2** に定める管理策並びに付随する実施の手引及び関連情報を適用する．

❖解　説

7.1.1，7.1.2 については，それぞれ ISO/IEC 27002（JIS Q 27002）と同様の対策を実施する．

7.2　雇 用 期 間 中

7.2　雇用期間中

JIS Q 27002 の **7.2** に定める管理目的を適用する．

JIS Q 27002:2014

目的　従業員及び契約相手が，情報セキュリティの責任を認識し，かつ，その責任を遂行することを確実にするため．

7.2.1　経営陣の責任

JIS Q 27002 の **7.2.1** に定める管理策並びに付随する実施の手引及び関連情報を適用する．

❖解　説

7.2.1 については，ISO/IEC 27002（JIS Q 27002）と同様の対策を実施する．

7.2.2　情報セキュリティの意識向上，教育及び訓練

JIS Q 27002 の **7.2.2** に定める管理策並びに付随する実施の手引及び関連情報を適用する．次のクラウドサービス固有の実施の手引も適用する．

JIS Q 27002:2014

管理策

組織の全ての従業員，及び関係する場合には契約相手は，職務に関連する組織の方針及び手順についての，適切な，意識向上のための教育及び訓練を受け，また，定めに従ってその更新を受けることが望ましい．

クラウドサービスのための実施の手引

クラウドサービスカスタマ	クラウドサービスプロバイダ
クラウドサービスカスタマは，関連する従業員及び契約相手を含む，クラウドサービスビジネスマネージャ，クラウドサービス実務管理者，クラウドサービスインテグレータ及びクラウドサービスユーザのための，意識向上，教育及び訓練のプログラムに，次の事項を追加することが望ましい． —クラウドサービスの利用のための標準及び手順 —クラウドサービスに関連する情報セキュリティリスク，及びそれらのリスクをどのように管理するか —クラウドサービスの利用に伴うシステム及びネットワーク環境のリスク —適用法令及び規制上の考慮事項 クラウドサービスに関する情報セキュリティの意識向上，教育及び訓練のプログラムは，経営陣及び監督責任者（事業単位の経営陣及び監督責任者を含む．）に提供することが望ましい．このことは，情報セキュリティ活動の有効な協調を支援する．	クラウドサービスプロバイダは，クラウドサービスカスタマデータ及びクラウドサービス派生データを適切に取り扱うために，従業員に，意識向上，教育及び訓練を提供し，契約相手に同様のことを実施するよう要求することが望ましい．これらのデータには，クラウドサービスカスタマの機密情報，又はクラウドサービスプロバイダによるアクセス及び利用について，規制による制限を含む，特定の制限が課されたデータを含む可能性がある．

❖解　説

クラウドサービス利用にあたっては，クラウドサービス固有のリスクがあり，そのリスクに対応するためのクラウドサービス固有の情報セキュリティ方

針が設定され，その方針に基づく役割及び責任，そしておのおのの責任を果たすための手順や操作に関して関係者に周知する必要がある．このため，クラウドサービスカスタマ内でそれぞれの役割を担う者に対して，通常の情報セキュリティ教育及び訓練に加えて，クラウドサービス固有のセキュリティ教育及び訓練を実施する必要がある．例えば，クラウドサービスユーザに対しては，クラウドサービスを利用する手順や，利用にあたっての情報セキュリティに関する注意事項を周知することがあげられる．

また，クラウドサービス実務管理者やクラウドサービスインテグレータに対しては，クラウドコンピューティング環境のシステムやネットワークに特有の情報セキュリティリスクについて教育し，それらのリスクに対する対策についても周知しておく．クラウドコンピューティング環境の不具合などが発生した場合やぜい弱性などを発見した場合，また，クラウドコンピューティング環境のシステムやネットワークに関する問合せ・要望がある場合の，クラウドサービスプロバイダへの連絡手順についても周知する．また，クラウドサービスビジネスマネージャや関連する担当者には，クラウドサービスを利用するにあたって，関連する法規制についても周知するとよい．

オンプレミス環境でも，経営陣や監督責任者に対する教育及び訓練は重要であるが，クラウドサービス利用に関しても同様の教育及び訓練を施し，情報セキュリティ対策が組織全体として協調的に行われるようにする．

7.2.3　懲戒手続

JIS Q 27002 の **7.2.3** に定める管理策並びに付随する実施の手引及び関連情報を適用する．

❖解　説

7.2.3 については，ISO/IEC 27002（JIS Q 27002）と同様の対策を実施する．

7.3　雇用の終了及び変更

7.3　雇用の終了及び変更

JIS Q 27002 の **7.3** に定める管理目的を適用する.

JIS Q 27002:2014

目的　雇用の終了又は変更のプロセスの一部として，組織の利益を保護するため.

7.3.1　雇用の終了又は変更に関する責任

JIS Q 27002 の **7.3.1** に定める管理策並びに付随する実施の手引及び関連情報を適用する.

❖解　説

7.3.1 については，ISO/IEC 27002（JIS Q 27002）と同様の対策を実施する.

8　資産の管理

8.1　資産に対する責任

8　資産の管理

8.1　資産に対する責任

JIS Q 27002 の **8.1** に定める管理目的を適用する．

JIS Q 27002:2014

目的　組織の資産を特定し，適切な保護の責任を定めるため．

8.1.1　資産目録

JIS Q 27002 の **8.1.1** に定める管理策並びに付随する実施の手引及び関連情報を適用する．次のクラウドサービス固有の実施の手引も適用する．

JIS Q 27002:2014

管理策

情報，情報に関連するその他の資産及び情報処理施設を特定することが望ましい．[*2] また，これらの資産の目録を，作成し，維持することが望ましい．

クラウドサービスのための実施の手引

クラウドサービスカスタマ	クラウドサービスプロバイダ
クラウドサービスカスタマの資産目録には，クラウドコンピューティング環境に保存される情報及び関連資産も記載することが望ましい．目録の記録では，例えば，クラウドサービスの特定など，資産を保持している場所を示すことが望ましい．	クラウドサービスプロバイダの資産目録では，次のデータを明確に識別することが望ましい． ―クラウドサービスカスタマデータ ―クラウドサービス派生データ

クラウドサービスのための関連情報

クラウドサービス派生データをクラウドサービスカスタマデータに付加することで，情報管理のための機能を提供するようなクラウドサービスがある．そのようなクラウドサービス派生データを資産として特定し，これを資産目録に保持することは情報セキュリティの向上になり得る．

[*2] ISO/IEC 27002:2013 に対して，2014 年 9 月 15 日に正誤票が公表されている．同様の修正が JIS Q 27002:2014 に対する正誤票として 2014 年 11 月 1 日に公表されている．8.1.1 の管理策の記載は，この正誤票を反映したものである．

❖解　説

オンプレミス環境の情報資産と同様，情報資産としてクラウドコンピューティング環境で保持する自らのデータも資産目録から遺漏することのないように特定する必要がある．なぜなら，クラウドコンピューティング環境のクラウドサービスカスタマデータの情報資産としての特定が遺漏することにより，情報資産の管理の役割及び責任が不明瞭となり，管理不十分な状態から情報セキュリティインシデントが発生するリスクが顕在化するためである．

資産目録で情報資産を特定するにあたっては，クラウドコンピューティング環境のそれぞれの情報資産がどのクラウドサービスで保持されているかを明確にする．

8.1.2　資産の管理責任

JIS Q 27002 の **8.1.2** に定める管理策並びに付随する実施の手引及び関連情報を適用する．

JIS Q 27002:2014

管理策

目録の中で維持される資産は，管理されることが望ましい．

クラウドサービスのための関連情報

資産の管理責任は，利用しているクラウドサービスの分類によって異なる場合がある．PaaS 又は IaaS を利用している場合，アプリケーションソフトウェアはクラウドサービスカスタマに属することになる．一方で SaaS の場合，アプリケーションソフトウェアはクラウドサービスプロバイダに属することになる．

❖解　説

本管理策は ISO/IEC 27002 と同様の対策を実施する．ただし，クラウドサービスのための関連情報にあるとおり，クラウドサービスの種類によって，クラウドサービスカスタマが担う資産の管理責任が異なるので，クラウドサービスカスタマが管理すべき範囲を確認し，管理責任が果たせるようにする．

8.1.3　資産利用の許容範囲

JIS Q 27002 の **8.1.3** に定める管理策及び付随する実施の手引を適用する．

8.1.4　資産の返却

JIS Q 27002 の **8.1.4** に定める管理策及び付随する実施の手引を適用する．

❖解　説

8.1.3，8.1.4 については，それぞれ ISO/IEC 27002（JIS Q 27002）と同様の対策を実施する．

CLD.8.1.5　クラウドサービスカスタマの資産の除去

管理策

クラウドサービスプロバイダの施設にあるクラウドサービスカスタマの資産は，クラウドサービスの合意の終了時に，時機を失せずに除去されるか又は必要な場合には返却されることが望ましい．

クラウドサービスのための実施の手引

クラウドサービスカスタマ	クラウドサービスプロバイダ
クラウドサービスカスタマは，その資産の返却及び除去，並びにこれらの資産の全ての複製のクラウドサービスプロバイダのシステムからの削除の記述を含む，サービスプロセスの終了に関する文書化した説明を要求することが望ましい． この説明では，全ての資産を一覧にし，サービス終了が時機を失することなく行われるよう，サービス終了のスケジュールを文書化することが望ましい．	クラウドサービスプロバイダは，クラウドサービス利用のための合意の終了時における，クラウドサービスカスタマの全ての資産の返却及び除去の取決めについて，情報を提供することが望ましい． 資産の返却及び除去についての取決めは，合意文書の中に記載し，時機を失せずに実施することが望ましい．その取決めでは，返却及び除去する資産を特定することが望ましい．

❖解　説

一般的にクラウドコンピューティング環境上の資産は電子的なものであるため，クラウドサービス利用終了時に資産の除去を確実に実施することが重要である．これは，クラウドサービス利用終了時に自組織外であるクラウドコンピューティング環境上のクラウドサービスカスタマの資産の除去が行われないと，情報資産の漏えいなどのリスクが顕在化するためである．

また，クラウドサービスを利用するにあたって，クラウドサービスカスタマが所有する資産があれば，クラウドサービス利用終了時に返却を求める必要がある．クラウドサービスの利用を開始する際に，合意書にクラウドサービス利用終了時の資産の除去又は返却について盛り込まれていることを確認する．

資産の除去又は返却漏れを防止するため，除去又は返却対象のすべての資産を合意書や資産目録などで一覧化しておく．さらに，資産の除去又は返却のスケジュールについても，合意書やスケジュールなどでクラウドサービスプロバイダと確認しておくとよい．

8.2 情 報 分 類

8.2 情報分類

JIS Q 27002 の **8.2** に定める管理目的を適用する．

JIS Q 27002:2014

目的 組織に対する情報の重要性に応じて，情報の適切なレベルでの保護を確実にするため．

8.2.1 情報の分類

JIS Q 27002 の **8.2.1** に定める管理策並びに付随する実施の手引及び関連情報を適用する．

❖解 説

8.2.1 については，ISO/IEC 27002（JIS Q 27002）と同様の対策を実施する．

8.2.2 情報のラベル付け

JIS Q 27002 の **8.2.2** に定める管理策並びに付随する実施の手引及び関連情報を適用する．次のクラウドサービス固有の実施の手引も適用する．

JIS Q 27002:2014

管理策

情報のラベル付けに関する適切な一連の手順は，組織が採用した情報分類体系に従って策定し，実施することが望ましい．

クラウドサービスのための実施の手引

クラウドサービスカスタマ	クラウドサービスプロバイダ
クラウドサービスカスタマは，採用したラベル付けの手順に従って，クラウドコンピューティング環境に保持する情報及び関連資産にラベル付けをすることが望ましい．適用可能な場合には，クラウドサービスプロバイダが提供する，ラベル付けを支援する機能が採用できる．	クラウドサービスプロバイダは，クラウドサービスカスタマが情報及び関連資産を分類し，ラベル付けするためのサービス機能を文書化し，開示することが望ましい．

❖解　説

通常の情報資産のラベル付けと同様に，クラウドコンピューティング環境上のデータについても，組織が採用する分類体系（“8.2.1 情報の分類”）に従って，取扱手順（“8.2.3 資産の取扱い”）を定めるためにラベル付けを行う．

利用するクラウドサービスがフォルダやファイルごとに分類できるような機能を提供している場合は，それを活用することができる．

8.2.3　資産の取扱い

JIS Q 27002 の **8.2.3** に定める管理策及び付随する実施の手引を適用する．

❖解　説

8.2.3 については, ISO/IEC 27002 (JIS Q 27002) と同様の対策を実施する．

8.3　媒体の取扱い

8.3　媒体の取扱い

JIS Q 27002 の **8.3** に定める管理目的を適用する．

JIS Q 27002:2014

目的　媒体に保存された情報の認可されていない開示，変更，除去又は破壊を防止するため．

8.3.1　取外し可能な媒体の管理

JIS Q 27002 の **8.3.1** に定める管理策及び付随する実施の手引を適用する．

JIS Q 27002:2014

管理策

組織が採用した分類体系に従って，取外し可能な媒体の管理のための手順を実施することが望ましい．

❖解　説

取外し可能な媒体の取扱いについては，クラウドサービスのための実施の手引に記載がない．したがって，ISO/IEC 27002 の対策を実施することとなる．

ただし，取外し可能な媒体に機密性の高いデータが残留している場合，クラウドサービスカスタマにとって大きなリスクとなるため，クラウドサービスプロバイダが ISO/IEC 27002 に従って取外し可能な媒体の取扱いを適正に行っていることを確認する必要がある．この場合，クラウドサービスカスタマは，“14.1.1 情報セキュリティ要求事項の分析及び仕様化”でこの管理策の実施を要求し，“18.2.1 情報セキュリティの独立したレビュー”で確認することになる．

8.3.2　媒体の処分

JIS Q 27002 の **8.3.2** に定める管理策並びに付随する実施の手引及び関連情報を適用する．

8.3.3　物理的媒体の輸送

JIS Q 27002 の **8.3.3** に定める管理策並びに付随する実施の手引及び関連情報を適用する．

❖解　説

8.3.2，8.3.3 については，それぞれ ISO/IEC 27002（JIS Q 27002）と同様の対策を実施する．

9　アクセス制御

9.1　アクセス制御に対する業務上の要求事項

9　アクセス制御

9.1　アクセス制御に対する業務上の要求事項

JIS Q 27002 の **9.1** に定める管理目的を適用する.

JIS Q 27002:2014

目的　情報及び情報処理施設へのアクセスを制限するため.

9.1.1　アクセス制御方針

JIS Q 27002 の **9.1.1** に定める管理策並びに付随する実施の手引及び関連情報を適用する.

❖解　説

9.1.1 については，ISO/IEC 27002（JIS Q 27002）と同様の対策を実施する.

9.1.2　ネットワーク及びネットワークサービスへのアクセス

JIS Q 27002 の **9.1.2** に定める管理策並びに付随する実施の手引及び関連情報を適用する. 次のクラウドサービス固有の実施の手引も適用する.

JIS Q 27002:2014

管理策

利用することを特別に認可したネットワーク及びネットワークサービスへのアクセスだけを，利用者に提供することが望ましい.

クラウドサービスのための実施の手引

クラウドサービスカスタマ	クラウドサービスプロバイダ
クラウドサービスカスタマの，ネットワークサービス利用のためのアクセス制御方針では，利用するそれぞれのクラウドサービスへの利用者アクセスの要求事項を定めることが望ましい.	（追加の実施の手引なし）

❖解　説

クラウドサービスカスタマ内のクラウドサービスへのアクセスにはいくつかの種類がある．例えば，“クラウドサービス実務管理者による管理権限へのアクセス”“クラウドサービスユーザによるクラウドサービスカスタマデータへのアクセス”である．

また，クラウドサービスユーザの中でも，組織の中の役割などによって，異なるアクセス権が求められることがある．このため，組織のアクセス制御方針（“9.1.1 アクセス制御方針”）に従って，それぞれのクラウドサービスへのアクセス権を設定し，付与する必要がある．

この際には，利用するクラウドサービスが組織のアクセス制御方針を満たすアクセス制御機能を備えていることをクラウドサービスプロバイダへの情報セキュリティ要求事項に含めておく．

なお，クラウドサービスプロバイダのアクセス制御機能の提供に関しては，“9.2.1 利用者登録及び登録削除”及び“9.2.2 利用者アクセスの提供（provisioning)”を参照されたい．

9.2　利用者アクセスの管理

9.2　利用者アクセスの管理

JIS Q 27002 の **9.2** に定める管理目的を適用する．

JIS Q 27002:2014

目的　システム及びサービスへの，認可された利用者のアクセスを確実にし，認可されていないアクセスを防止するため．

9.2.1　利用者登録及び登録削除

JIS Q 27002 の **9.2.1** に定める管理策並びに付随する実施の手引及び関連情報を適用する．次のクラウドサービス固有の実施の手引も適用する．

JIS Q 27002:2014

管理策

アクセス権の割当てを可能にするために，利用者の登録及び登録削除についての正式なプロセスを実施することが望ましい．

クラウドサービスのための実施の手引

クラウドサービスカスタマ	クラウドサービスプロバイダ
(追加の実施の手引なし)	クラウドサービスカスタマのクラウドサービスユーザによるクラウドサービスへのアクセスを管理するため，クラウドサービスプロバイダは，クラウドサービスカスタマに利用者登録・登録削除の機能及びそれを利用するための仕様を提供することが望ましい．

❖解　説

本管理策にはクラウドサービスカスタマ向けのクラウドサービスのための実施の手引はないが，クラウドサービスプロバイダが本管理策のクラウドサービスプロバイダ向けのクラウドサービスのための実施の手引に記載されている機能を提供している場合，“9.1.2 ネットワーク及びネットワークサービスへのアクセス”に規定されるクラウドサービスカスタマの利用者アクセスの管理がより容易に，かつ，有効に行うことができる．

9.2.2　利用者アクセスの提供 (provisioning)

JIS Q 27002 の **9.2.2** に定める管理策並びに付随する実施の手引及び関連情報を適用する．次のクラウドサービス固有の実施の手引も適用する．

JIS Q 27002:2014

管理策

全ての種類の利用者について，全てのシステム及びサービスへのアクセス権を割り当てる又は無効化するために，利用者アクセスの提供についての正式なプロセスを実施することが望ましい．

クラウドサービスのための実施の手引

クラウドサービスカスタマ	クラウドサービスプロバイダ
(追加の実施の手引なし)	クラウドサービスプロバイダは，クラウドサービスカスタマのクラウドサービスユーザのアクセス権を管理する機能及びそれを利用するための仕様を提供することが望ましい．

クラウドサービスのための関連情報

クラウドサービスプロバイダは，第三者のアイデンティティ管理技術及びアクセス管理技術を，提供するクラウドサービス及び関連する管理インタフェースで利用できるように支援することが望ましい．これらの技術は，シングルサインオンとして提供することによって，クラウドサービスカスタマの複数のシステム及びクラウドサービスにまたがる統合及び利用者のアイデンティティ管理を容易にし得るものであり，複数のクラウドサービスの利用も容易にし得る．

❖解　説

本管理策にはクラウドサービスカスタマ向けのクラウドサービスのための実施の手引はないが，クラウドサービスプロバイダが本管理策のクラウドサービスプロバイダ向けのクラウドサービスための実施の手引及びクラウドサービスのための関連情報に記載されている機能を提供している場合，“9.1.2 ネットワーク及びネットワークサービスへのアクセス”に規定されるクラウドサービスカスタマの利用者アクセスの管理がより容易に，かつ，有効に行うことができる．

9.2.3　特権的アクセス権の管理

JIS Q 27002 の **9.2.3** に定める管理策並びに付随する実施の手引及び関連情報を適用する．次のクラウドサービス固有の実施の手引も適用する．

JIS Q 27002:2014

管理策

特権的アクセス権の割当て及び利用は，制限し，管理することが望ましい．

クラウドサービスのための実施の手引

クラウドサービスカスタマ	クラウドサービスプロバイダ
クラウドサービスカスタマは，クラウドサービス実務管理者に管理権限を与える認証に，特定したリスクに応じ，十分に強い認証技術（例えば，多要素認証）を用いることが望ましい．	クラウドサービスプロバイダは，クラウドサービスカスタマのクラウドサービス実務管理者がその役割を行えるように，クラウドサービスカスタマが特定するリスクに応じた，十分に強い認証技術を提供することが望ましい．例えば，クラウドサービスプロバイダは，多要素認証機能を提供し，又は第三者の多要素認証メカニズムを利用可能とすることができる．

❖解　説

クラウドサービスカスタマにおいて，クラウドサービス利用のシステム面での管理を担当するクラウドサービス実務管理者は特権的アクセスの権限が与えられることが多い．この特権的アクセスの権限により，クラウドサービスのアプリケーションなどによって制御を無効化する，又はクラウドサービスユーザの操作を無効化することができる場合がある．

これらの特権的アクセスに対しては，その権限の不正使用によってクラウドサービスのシステム不具合やクラウドサービス上のクラウドサービスカスタマデータの棄損などの重大な事態を引き起こす可能性があるため，通常のクラウドサービスユーザの認証より強い認証（例えば，多要素認証）を用いる必要がある．

クラウドサービスカスタマがこのような実装を行う場合には，クラウドサービス利用を開始する前に，クラウドサービス実務管理者のための強い認証機能がクラウドサービスに備わっていることをクラウドサービスプロバイダに確認する必要がある．

9.2.4　利用者の秘密認証情報の管理

JIS Q 27002 の **9.2.4** に定める管理策並びに付随する実施の手引及び関連情報を適用する．次のクラウドサービス固有の実施の手引も適用する．

JIS Q 27002:2014

管理策

秘密認証情報の割当ては，正式な管理プロセスによって管理することが望ましい．

クラウドサービスのための実施の手引

クラウドサービスカスタマ	クラウドサービスプロバイダ
クラウドサービスカスタマは，パスワードなどの秘密認証情報を割り当てるための，クラウドサービスプロバイダの管理手順が，クラウドサービスカスタマの要求事項を満たすことを検証することが望ましい．	クラウドサービスプロバイダは，秘密認証情報を割り当てる手順，及び利用者認証手順を含む，クラウドサービスカスタマの秘密認証情報の管理のための手順について情報を提供することが望ましい．

クラウドサービスのための関連情報

クラウドサービスカスタマは，自らの又は第三者のアイデンティティ管理技術及びアクセス管理技術を利用することで秘密認証情報の管理を行うことが望ましい.

❖解　説

各クラウドサービスユーザに一意の初期パスワードを発行できるか，初期パスワードの変更をクラウドサービスユーザに要求する仕組みがあるかなど，利用するクラウドサービスの秘密認証情報の管理手順がクラウドサービスカスタマの情報セキュリティ要求事項を満たすものかどうかを検証する必要がある.

9.2.5　利用者アクセス権のレビュー

JIS Q 27002 の **9.2.5** に定める管理策並びに付随する実施の手引及び関連情報を適用する.

9.2.6　アクセス権の削除又は修正

JIS Q 27002 の **9.2.6** に定める管理策並びに付随する実施の手引及び関連情報を適用する.

❖解　説

9.2.5，9.2.6 については，それぞれ ISO/IEC 27002（JIS Q 27002）と同様の対策を実施する.

9.3　利用者の責任

9.3　利用者の責任

JIS Q 27002 の **9.3** に定める管理目的を適用する.

JIS Q 27002:2014

目的　利用者に対して，自らの秘密認証情報を保護する責任をもたせるため.

9.3.1　秘密認証情報の利用

JIS Q 27002 の **9.3.1** に定める管理策並びに付随する実施の手引及び関連情報を適用する.

❖解　説

9.3.1 については，ISO/IEC 27002（JIS Q 27002）と同様の対策を実施する．

9.4　システム及びアプリケーションのアクセス制御

9.4　システム及びアプリケーションのアクセス制御

JIS Q 27002 の **9.4** に定める管理目的を適用する．

JIS Q 27002:2014

目的　システム及びアプリケーションへの，認可されていないアクセスを防止するため．

9.4.1　情報へのアクセス制限

JIS Q 27002 の **9.4.1** に定める管理策及び付随する実施の手引を適用する．次のクラウドサービス固有の実施の手引も適用する．

JIS Q 27002:2014

管理策

情報及びアプリケーションシステム機能へのアクセスは，アクセス制御方針に従って，制限することが望ましい．

クラウドサービスのための実施の手引

クラウドサービスカスタマ	クラウドサービスプロバイダ
クラウドサービスカスタマは，クラウドサービスにおける情報へのアクセスを，アクセス制御方針に従って制限できること，及びそのような制限を実現することを確実にすることが望ましい．これには，クラウドサービスへのアクセス制限，クラウドサービス機能へのアクセス制限，及びサービスにて保持されるクラウドサービスカスタマデータへのアクセス制限を含む．	クラウドサービスプロバイダは，クラウドサービスへのアクセス，クラウドサービス機能へのアクセス，及びサービスで保持するクラウドサービスカスタマデータへのアクセスを，クラウドサービスカスタマが制限できるように，アクセス制御を提供することが望ましい．

クラウドサービスのための関連情報

クラウドコンピューティング環境では，アクセス制御が必要となる追加の領域がある．クラウドサービス又はクラウドサービスの機能の一部として，ハイパーバイザ管理機能及び管理用コンソールのような機能及びサービスへのアクセスは，追加のアクセス制御が必要となる場合がある．

❖解　説

利用するクラウドサービスにおいて，組織のアクセス制御方針（“9.1.1 アクセス制御方針”）に従ったアクセス制御が必要である．利用するクラウドサービスがクラウドサービスに対するアクセス制限の機能やクラウドコンピューティング環境におけるデータへのアクセス制限の機能，クラウドサービス実務管理者の管理機能などへのアクセス制限の機能を備えていることをクラウドサービスプロバイダに確認する．

9.4.2　セキュリティに配慮したログオン手順

JIS Q 27002 の **9.4.2** に定める管理策並びに付随する実施の手引及び関連情報を適用する．

9.4.3　パスワード管理システム

JIS Q 27002 の **9.4.3** に定める管理策並びに付随する実施の手引及び関連情報を適用する．

❖解　説

9.4.2，9.4.3 については，それぞれ ISO/IEC 27002（JIS Q 27002）と同様の対策を実施する．

9.4.4　特権的なユーティリティプログラムの使用

JIS Q 27002 の **9.4.4** に定める管理策並びに付随する実施の手引及び関連情報を適用する．次のクラウドサービス固有の実施の手引も適用する．

JIS Q 27002:2014

管理策

システム及びアプリケーションによる制御を無効にすることのできるユーティリティプログラムの使用は，制限し，厳しく管理することが望ましい．

クラウドサービスのための実施の手引

クラウドサービスカスタマ	クラウドサービスプロバイダ
ユーティリティプログラムの利用が許可されている場合には，クラウドサービスカスタマは，クラウドコンピューティ	クラウドサービスプロバイダは，クラウドサービス内で利用される全てのユーティリティプログラムのための要求事項

ング環境において利用するユーティリティプログラムを特定し，クラウドサービスの管理策を妨げないことを確実にすることが望ましい．	を特定することが望ましい． クラウドサービスプロバイダは，認可された要員だけが，通常の操作手順又はセキュリティ手順を回避することのできるユーティリティプログラムを利用できるように厳密に制限し，そのようなプログラムの利用を定期的にレビューし，監査することを確実にすることが望ましい．

❖解　説

クラウドサービスにおいて，アプリケーションなどによる制御を無効にすることができるユーティリティプログラムの使用権限がクラウドサービスカスタマのクラウドサービス実務管理者などに与えられる場合がある．その場合，ユーティリティプログラムを誤って使用する，又は不正に使用することなどにより，クラウドサービスのシステムの不具合やクラウドサービス上のクラウドサービスカスタマデータの棄損などの重大な損害を引き起こすリスクがある．

一般に，ユーティリティプログラムの使用権限がクラウドサービスカスタマに与えられる場合，クラウドサービスプロバイダ側から利用条件などが提示される．クラウドサービスカスタマはこれに従ってクラウドサービスのユーティリティプログラムへのアクセス制限やユーティリティプログラムの使用のログ取得などを行うことにより，ユーティリティプログラムの使用を管理する必要がある．

また，利用するクラウドサービスが組織の情報セキュリティ要求事項に沿ったユーティリティプログラムの使用制限の管理機能を備えていることをクラウドサービスプロバイダへの情報セキュリティ要求事項に含めることも必要である．

9.4.5　プログラムソースコードへのアクセス制御

JIS Q 27002 の **9.4.5** に定める管理策及び付随する実施の手引を適用する．

❖解　説

9.4.5 については，ISO/IEC 27002 (JIS Q 27002) と同様の対策を実施する.

CLD.9.5　共有する仮想環境におけるクラウドサービスカスタマデータのアクセス制御

CLD.9.5　共有する仮想環境におけるクラウドサービスカスタマデータのアクセス制御

目的　クラウドコンピューティングにおける共有する仮想環境利用時の情報セキュリティリスクを低減するため.

CLD.9.5.1　仮想コンピューティング環境における分離

管理策

クラウドサービス上で稼動するクラウドサービスカスタマの仮想環境は，他のクラウドサービスカスタマ及び認可されていない者から保護することが望ましい.

クラウドサービスのための実施の手引

クラウドサービスカスタマ	クラウドサービスプロバイダ
(追加の実施の手引なし)	クラウドサービスプロバイダは，クラウドサービスカスタマデータ，仮想化されたアプリケーション，オペレーティングシステム，ストレージ及びネットワークの適切な論理的分離を実施することが望ましい．目的は次のとおりである. —マルチテナント環境においてクラウドサービスカスタマが使用する資源の分離 —クラウドサービスカスタマが使用する資源からのクラウドサービスプロバイダの内部管理の分離 マルチテナンシのクラウドサービスでは，クラウドサービスプロバイダは，異なるテナントが使用する資源の適切な分離を確実にするために情報セキュリティ管理策を実施することが望ましい. クラウドサービスプロバイダは，提供するクラウドサービス内でクラウドサービスカスタマの所有するソフトウェアを実行することに伴うリスクを考慮することが望ましい.

クラウドサービスのための関連情報

論理的分離の実装は，仮想化に適用する技術に依存する．

—ソフトウェア仮想化機能が仮想環境（例えば，仮想オペレーティングシステム）を提供する場合は，ネットワーク及びストレージ構成を仮想化することができる．また，ソフトウェア仮想化環境でのクラウドサービスカスタマの分離は，ソフトウェアの分離機能を用いて設計し実装することができる．

—クラウドサービスカスタマの情報がクラウドサービスの“メタデータテーブル”とともに物理的共有ストレージ領域に保存されている場合は，他のクラウドサービスカスタマとの情報の分離は“メタデータテーブル”によるアクセス制御を用いて実施することができる．

ISO/IEC 27040（Information technology—Security techniques—Storage security）に記載されている，セキュアマルチテナンシ及び関連する手引は，クラウドコンピューティング環境に適用することができる．

❖解　説

本管理策にはクラウドサービスカスタマ向けのクラウドサービスのための実施の手引はないが，仮想コンピューティング環境における分離はクラウドサービスの情報セキュリティを維持するために不可欠な管理策である．したがって，クラウドサービスプロバイダが本管理策のクラウドサービスプロバイダ向けのクラウドサービスのための実施の手引及びクラウドサービスのための関連情報に記載されている対策を適正に，かつ，十分に行うことを“14.1.1 情報セキュリティ要求事項の分析及び仕様化”で要求し，“18.2.1 情報セキュリティの独立したレビュー”で確認する必要がある．

CLD.9.5.2　仮想マシンの要塞化

管理策

クラウドコンピューティング環境の仮想マシンは，事業上のニーズを満たすために要塞化することが望ましい．

クラウドサービスのための実施の手引

クラウドサービスカスタマ	クラウドサービスプロバイダ
クラウドサービスカスタマ及びクラウドサービスプロバイダは，仮想マシンを設定する際には，適切な側面からの要塞化（例えば，必要なポート，プロトコル及び	

サービスだけを有効とする．）及び利用する各仮想マシンへの適切な技術手段（例えば，マルウェア対策，ログ取得）の実施を確実にすることが望ましい．

❖解　説

事業上，マシンの要塞化が求められる場合には，クラウドサービス上で利用する仮想マシンであっても要塞化しなければならない．仮想マシンの設定の際に，すべての不必要なインタフェース，ポート，デバイス，サービスを無効化又は削除する．また，仮想マシンに対して，マルウェア対策，ログ取得などのセキュリティ対策を実施する．

10　暗　　号

10.1　暗号による管理策

10　暗号

10.1　暗号による管理策

JIS Q 27002 の **10.1** に定める管理目的を適用する．

JIS Q 27002:2014

目的　情報の機密性，真正性及び／又は完全性を保護するために，暗号の適切かつ有効な利用を確実にするため．

10.1.1　暗号による管理策の利用方針

JIS Q 27002 の **10.1.1** に定める管理策並びに付随する実施の手引及び関連情報を適用する．次のクラウドサービス固有の実施の手引も適用する．

JIS Q 27002:2014

管理策

情報を保護するための暗号による管理策の利用に関する方針は，策定し，実施することが望ましい．

クラウドサービスのための実施の手引

クラウドサービスカスタマ	クラウドサービスプロバイダ
クラウドサービスカスタマは，リスク分析によって必要と認められる場合には，クラウドサービスの利用において，暗号による管理策を実施することが望ましい．その管理策は，クラウドサービスカスタマ又はクラウドサービスプロバイダのいずれかが供給するものであれ，特定したリスクを低減するために十分な強度をもつものであることが望ましい． クラウドサービスプロバイダが暗号を提供する場合は，クラウドサービスカスタマは，クラウドサービスプロバイダが提供する全ての情報をレビューし，その機能について次の事項を確認することが望ましい． —クラウドサービスカスタマの方針の要求事項を満たす． —クラウドサービスカスタマが利用す	クラウドサービスプロバイダは，クラウドサービスカスタマに，クラウドサービスプロバイダが処理する情報を保護するために，暗号を利用する環境に関する情報を提供することが望ましい．クラウドサービスプロバイダは，また，クラウドサービスカスタマ自らの暗号による保護を適用することを支援するためにクラウドサービスプロバイダが提供する能力についても，クラウドサービスカスタマに情報を提供することが望ましい．

る，その他の全ての暗号による保護と整合性がある． —保存データ，並びにクラウドサービスへの転送中のデータ，クラウドサービスからの転送中のデータ及びクラウドサービス内で転送中のデータに適用される．	

クラウドサービスのための関連情報

法域によっては，健康データ，住民登録番号，パスポート番号，運転免許証番号などの特定の種類の情報を保護するために，暗号を適用することが要求される場合がある．

❖解　説

組織の情報セキュリティ要求事項に従ってクラウドコンピューティング環境上のデータや通信経路を暗号化する場合，クラウドサービスプロバイダが暗号化機能を提供しているかどうかを確認する必要がある．

クラウドサービスプロバイダが暗号化機能を提供する場合には，クラウドサービスプロバイダが提供する当該機能に関する情報をすべてレビューし，それが組織の情報セキュリティ要求事項を満たすことを確認しなければならない．さらに，クラウドサービスプロバイダが提供する暗号化機能を使う場合は，クラウドサービスカスタマが使うその他の暗号と整合性があることの確認も必要である．

クラウドサービスプロバイダの提供する暗号機能を使用しない場合は，クラウドサービスカスタマが独自に利用する暗号化機能がクラウドサービスにおいて使用できることを確認しておく．

10.1.2　鍵管理

JIS Q 27002 の **10.1.2** に定める管理策並びに付随する実施の手引及び関連情報を適用する．次のクラウドサービス固有の実施の手引も適用する．

JIS Q 27002:2014

管理策

暗号鍵の利用，保護及び有効期間（lifetime）に関する方針を策定し，そのライフサイクル全体にわたって実施することが望ましい．

クラウドサービスのための実施の手引

クラウドサービスカスタマ	クラウドサービスプロバイダ
クラウドサービスカスタマは，各クラウドサービスのための暗号鍵を特定し，鍵管理手順を実施することが望ましい． クラウドサービスプロバイダが，クラウドサービスカスタマが利用する鍵管理機能を提供する場合には，クラウドサービスカスタマは，クラウドサービスに関連する鍵管理手順について，次の情報を要求することが望ましい． —鍵の種類 —鍵のライフサイクル，すなわち，生成，変更又は更新，保存，使用停止，読出し，維持及び破壊の各段階の手順を含む鍵管理システムの仕様 —クラウドサービスカスタマに利用を推奨する鍵管理手順 クラウドサービスカスタマは，自らの鍵管理を採用する場合又はクラウドサービスプロバイダの鍵管理サービスとは別のサービスを利用する場合，暗号の運用のための暗号鍵をクラウドサービスプロバイダが保存し，管理することを許可しないことが望ましい．	(追加の実施の手引なし)

❖解　説

クラウドサービスカスタマは，利用するクラウドサービスごとに使用する暗号鍵を特定し，鍵管理手順を実施することによって，一つのクラウドサービスの事故が生じた場合の影響が他のクラウドサービスへ波及することを防ぐことができる．

クラウドサービスカスタマがクラウドサービスプロバイダの提供する鍵管理機能を採用する場合は，クラウドサービスカスタマは組織の情報セキュリティ要求事項に従って，鍵の強度や鍵のライフサイクルに沿った管理手順に関する情報をクラウドサービスプロバイダに要求する必要がある．

利用するクラウドサービスにおいて，クラウドサービスプロバイダが提供する鍵管理機能以外の鍵管理手順を使用する際は，当該鍵管理機能が使用可能であることを確認する．また，クラウドサービスプロバイダによる不要な暗号鍵へのアクセスを防ぐための措置を講じる．

11　物理的及び環境的セキュリティ

11.1　セキュリティを保つべき領域

11　物理的及び環境的セキュリティ

11.1　セキュリティを保つべき領域

JIS Q 27002 の **11.1** に定める管理目的を適用する.

JIS Q 27002:2014

目的　組織の情報及び情報処理施設に対する認可されていない物理的アクセス, 損傷及び妨害を防止するため.

11.1.1　物理的セキュリティ境界

JIS Q 27002 の **11.1.1** に定める管理策並びに付随する実施の手引及び関連情報を適用する.

11.1.2　物理的入退管理策

JIS Q 27002 の **11.1.2** に定める管理策及び付随する実施の手引を適用する.

11.1.3　オフィス, 部屋及び施設のセキュリティ

JIS Q 27002 の **11.1.3** に定める管理策及び付随する実施の手引を適用する.

11.1.4　外部及び環境の脅威からの保護

JIS Q 27002 の **11.1.4** に定める管理策及び付随する実施の手引を適用する.

11.1.5　セキュリティを保つべき領域での作業

JIS Q 27002 の **11.1.5** に定める管理策及び付随する実施の手引を適用する.

11.1.6　受渡場所

JIS Q 27002 の **11.1.6** に定める管理策及び付随する実施の手引を適用する.

❖解　説

11.1.1～11.1.6 については, それぞれ ISO/IEC 27002（JIS Q 27002）と同様の対策を実施する.

11.2　装　　置

11.2　装置

JIS Q 27002 の **11.2** に定める管理目的を適用する.

JIS Q 27002:2014

目的　資産の損失, 損傷, 盗難又は劣化, 及び組織の業務に対する妨害を防止するため.

11.2.1　装置の設置及び保護

JIS Q 27002 の **11.2.1** に定める管理策及び付随する実施の手引を適用する.

11.2.2　サポートユーティリティ

JIS Q 27002 の **11.2.2** に定める管理策並びに付随する実施の手引及び関連情報を適用する.

11.2.3　ケーブル配線のセキュリティ

JIS Q 27002 の **11.2.3** に定める管理策及び付随する実施の手引を適用する.

11.2.4　装置の保守

JIS Q 27002 の **11.2.4** に定める管理策及び付随する実施の手引を適用する.

11.2.5　資産の移動

JIS Q 27002 の **11.2.5** に定める管理策並びに付随する実施の手引及び関連情報を適用する.

11.2.6　構外にある装置及び資産のセキュリティ

JIS Q 27002 の **11.2.6** に定める管理策並びに付随する実施の手引及び関連情報を適用する.

❖解　説

11.2.1～11.2.6については，それぞれISO/IEC 27002（JIS Q 27002）と同様の対策を実施する.

11.2.7　装置のセキュリティを保った処分又は再利用

JIS Q 27002 の **11.2.7** に定める管理策並びに付随する実施の手引及び関連情報を適用する. 次のクラウドサービス固有の実施の手引も適用する.

JIS Q 27002:2014

管理策

記憶媒体を内蔵した全ての装置は，処分又は再利用する前に，全ての取扱いに慎重を要するデータ及びライセンス供与されたソフトウェアを消去していること，又はセキュリティを保って上書きしていることを確実にするために，検証することが望ましい.

クラウドサービスのための実施の手引

クラウドサービスカスタマ	クラウドサービスプロバイダ
クラウドサービスカスタマは，クラウドサービスプロバイダが，資源のセキュリティを保った処分又は再利用のための	クラウドサービスプロバイダは，資源（例えば，装置，データストレージ，ファイル，メモリ）のセキュリティを保っ

方針及び手順をもつことの確認を要求することが望ましい.	た処分又は再利用を時機を失せずに行うための取決めがあることを確実にすることが望ましい.

クラウドサービスのための関連情報

セキュリティを保った処分に関する追加の情報が, **ISO/IEC 27040** に示されている.

❖解　説

クラウドサービスプロバイダに対して, クラウドサービス上の資源（例えば, 装置, データストレージ, ファイル, メモリ）のセキュリティを保った処分又は再利用を確実に行うよう求めることは, クラウドサービスの利用においては特に重要である. これはクラウドサービス, 特にパブリッククラウドサービスでは, マルチテナントが一つの物理マシンを利用するため, 特定のクラウドサービスカスタマが自らのデータを確実に消去すること, あるいは消去されていることを自身で確認することが困難であることによる. クラウドサービスプロバイダがクラウドサービスカスタマに代わり, クラウドサービスカスタマとの取決めのとおり, 資源のセキュリティを保った処分又は再利用を実施することになる.

したがって, クラウドサービスカスタマはクラウドサービスプロバイダに対して, クラウドサービスカスタマデータを含め, 復元困難な状態でのセキュリティを保った処分又は再利用を実施することを要求する.

11.2.8　無人状態にある利用者装置

JIS Q 27002 の **11.2.8** に定める管理策及び付随する実施の手引を適用する.

11.2.9　クリアデスク・クリアスクリーン方針

JIS Q 27002 の **11.2.9** に定める管理策並びに付随する実施の手引及び関連情報を適用する.

❖解　説

11.2.8, 11.2.9 については, それぞれ ISO/IEC 27002（JIS Q 27002）と同様の対策を実施する.

12　運用のセキュリティ

12.1　運用の手順及び責任

12　運用のセキュリティ

12.1　運用の手順及び責任

JIS Q 27002 の **12.1** に定める管理目的を適用する．

JIS Q 27002:2014

目的　情報処理設備の正確かつセキュリティを保った運用を確実にするため．

12.1.1　操作手順書

JIS Q 27002 の **12.1.1** に定める管理策及び付随する実施の手引を適用する．

❖解　説

12.1.1 については，ISO/IEC 27002（JIS Q 27002）と同様の対策を実施する．

12.1.2　変更管理

JIS Q 27002 の **12.1.2** に定める管理策並びに付随する実施の手引及び関連情報を適用する．次のクラウドサービス固有の実施の手引も適用する．

JIS Q 27002:2014

管理策

情報セキュリティに影響を与える，組織，業務プロセス，情報処理設備及びシステムの変更は，管理することが望ましい．

クラウドサービスのための実施の手引

クラウドサービスカスタマ	クラウドサービスプロバイダ
クラウドサービスカスタマの変更管理プロセスは，クラウドサービスプロバイダによるあらゆる変更の影響を考慮することが望ましい．	クラウドサービスプロバイダは，クラウドサービスに悪影響を与える可能性のあるクラウドサービスの変更について，クラウドサービスカスタマに情報を提供することが望ましい．次の事項は，クラウドサービスカスタマが，当該変更が情報セキュリティに与える可能性のある影響を特定するのに役立つ． —変更種別

	—変更予定日及び予定時刻 —クラウドサービス及びその基礎にあるシステムの変更についての技術的な説明 —変更開始及び完了の通知 クラウドサービスプロバイダは，ピアクラウドサービスプロバイダに依存するクラウドサービスを提供する際には，クラウドサービスカスタマに，ピアクラウドサービスプロバイダによって行われた変更を通知する必要がある場合がある．

クラウドサービスのための関連情報

通知に含めるべき事項の一覧は，合意書（例えば，基本契約書又はSLA）に含めることができる．

❖解　説

クラウドサービスプロバイダによるシステムなどの変更はクラウドサービスカスタマに影響を与えるリスクがある．クラウドサービスカスタマは，クラウドサービスプロバイダから提供された変更に関する情報のうち，自身の業務の停止などの重要な影響を与える変更を事前に確認し，当該変更に対応する必要がある．このために，合意書によって，クラウドサービスプロバイダにクラウドサービスの変更に関する手順や通知事項などについて事前に確認しておく．

ここで留意すべき点は，通知すべき変更内容はクラウドサービスプロバイダが定義するため，通常，クラウドサービスカスタマの自由にはならないことである．また，通知手段（メールによる連絡やクラウドサービスカスタマ専用ウェブサイトに掲載など）や通知時期（“原則変更の○日前までに連絡，緊急時はこの限りではない”など）もクラウドサービスの種類によってさまざまなので，あらかじめ確認しておく．

これらの確認に基づいて，業務マニュアルや変更管理手順書などを整備し，クラウドサービスプロバイダによる変更も含めた変更管理プロセスを構築するとよい．

なお，クラウドサービスプロバイダがピアクラウドサービスを利用する場合，ピアクラウドサービスプロバイダ［本書では第2章の3.1節(4)(b)，48ページ参照］による変更も発生する．ピアクラウドサービスプロバイダも含め，変更が通知されることも確認を要する．

12.1.3　容量・能力の管理

JIS Q 27002 の **12.1.3** に定める管理策並びに付随する実施の手引及び関連情報を適用する．次のクラウドサービス固有の実施の手引も適用する．

JIS Q 27002:2014

管理策

要求されたシステム性能を満たすことを確実にするために，資源の利用を監視・調整し，また，将来必要とする容量・能力を予測することが望ましい．

クラウドサービスのための実施の手引

クラウドサービスカスタマ	クラウドサービスプロバイダ
クラウドサービスカスタマは，クラウドサービスで提供される合意した容量・能力が，クラウドサービスカスタマの要求を満たすことを確認することが望ましい． クラウドサービスカスタマは，将来のクラウドサービスの性能を確実にするため，クラウドサービスの使用を監視し，将来必要となる容量・能力を予測することが望ましい．	クラウドサービスプロバイダは，資源不足による情報セキュリティインシデントの発生を防ぐため，資源全体の容量・能力を監視することが望ましい．

クラウドサービスのための関連情報

クラウドサービスには，クラウドサービスプロバイダの管理下にあって，基本契約書及び関連するSLAの条件に基づきクラウドサービスカスタマに使用させる資源がある．このような資源には，ソフトウェア，処理用ハードウェア，データストレージ及びネットワーク接続がある．

クラウドサービスにおける弾力性がありスケーラブルで，かつ，オンデマンドの資源割当てによって，一般に，サービス全体の容量・能力は高まる．しかしながら，クラウドサービスカスタマは，提供される資源に容量・能力の制限があり得ることを認識しておく必要がある．容量・能力の制約の例に，アプリケーションに割り当てられるコアプロセッサの数，利用可能なストレージ容量，及び利用可能なネットワーク帯域幅がある．

この制約は，特定のクラウドサービス又はクラウドサービスカスタマが購入する特定のサービス内容（subscription）によって異なり得る．クラウドサービスカスタマの要求がこの制約を超える場合，クラウドサービスの変更又はサービス内容の変更が必要となる可能性がある．

クラウドサービスカスタマがクラウドサービスの容量・能力の管理を実施するために，クラウドサービスカスタマは，次のような関連する資源使用についての統計情報にアクセスできることが望ましい．

—特定の期間の統計情報

—資源使用の最大水準

❖解　説

クラウドサービスカスタマに割り当てられているクラウドサービスの容量・能力は，契約形態や課金形態などによって制限されるのが一般的である．クラウドサービスカスタマは，利用するクラウドサービスが容量・能力に関する要求を満たすかどうかを合意書で確認する必要がある．

また，クラウドサービスによっては，オプションでストレージ使用率などの容量・能力の使用状況をクラウドサービスカスタマにレポートするといったメニューを提供するものもある．これらのサービスを含めて，クラウドサービスの容量・能力の使用状況については，クラウドサービスカスタマが確認できる方法や手順をクラウドサービスプロバイダに確認するとよい．

12.1.4　開発環境，試験環境及び運用環境の分離

JIS Q 27002 の **12.1.4** に定める管理策並びに付随する実施の手引及び関連情報を適用する．

❖解　説

12.1.4 については，ISO/IEC 27002（JIS Q 27002）と同様の対策を実施する．

CLD.12.1.5　実務管理者の運用のセキュリティ

管理策

クラウドコンピューティング環境の管理操作のための手順は，これを定義し，文書化し，監視することが望ましい．

クラウドサービスのための実施の手引

クラウドサービスカスタマ	クラウドサービスプロバイダ
クラウドサービスカスタマは，一つの失敗がクラウドコンピューティング環境における資産に回復不能な損害を与えるような重要な操作の手順を文書化することが望ましい． 重要な操作の例には次のものがある． —サーバ，ネットワーク，ストレージなどの仮想化されたデバイスのインストール，変更及び削除 —クラウドサービス利用の終了手順 —バックアップ及び復旧 この文書では，監督者がこれらの操作を監視すべきことを明記することが望ましい．	クラウドサービスプロバイダは，要求するクラウドサービスカスタマに，重要な操作及び手順を文書化して提供することが望ましい．

クラウドサービスのための関連情報

クラウドコンピューティングには，迅速な提供及び管理並びにオンデマンドセルフサービスという利点がある．これらの操作は，多くの場合，クラウドサービスカスタマ及びクラウドサービスプロバイダの実務管理者が行う．これらの重要な操作への人間の介入は重大な情報セキュリティインシデントを引き起こす可能性があるため，操作を保護するための仕組みの導入を検討することが望ましく，必要に応じてこれを定義し実施することが望ましい．重大なインシデントの例としては，多数の仮想サーバの消去若しくはシャットダウン，又は仮想資産の破壊が含まれる．

❖解　説

クラウドサービスのための関連情報にあるように，クラウドサービス実務管理者の操作ミス・依頼ミスは，バックアップの取得漏れやリストア不能，誤消去，クラウドサービスカスタマ環境の誤破壊，クラウドサービスカスタマ管理権限の詐取など，組織に重大な損害を及ぼす可能性がある．このように，重大な損害の可能性のある操作がクラウドサービスでは簡易に行える．このため，軽率な操作によるミスが生じやすい．本管理策は，ミスによる重大事故のリスクを軽減するために設けられたものである．

具体策として，重大な損害を与える可能性のある操作について，その手順を文書化する．具体的には，次の例があげられる．

—サーバ，ネットワーク，ストレージなどの仮想化装置のインストール，変更及び削除

—クラウドサービス利用の終了手順

—バックアップ及び復旧

また，監督者がこれらの操作を監視することを上記の手順書に明記する．なお，文書化にあたって，クラウドサービスプロバイダが操作手順書を開示している場合には，それを入手し，活用することも考えられる．

12.2　マルウェアからの保護

12.2　マルウェアからの保護

JIS Q 27002 の **12.2** に定める管理目的を適用する．

JIS Q 27002:2014

目的　情報及び情報処理施設がマルウェアから保護されることを確実にするため．

12.2.1　マルウェアに対する管理策

JIS Q 27002 の **12.2.1** に定める管理策並びに付随する実施の手引及び関連情報を適用する．

❖解　説

12.2.1 については，ISO/IEC 27002（JIS Q 27002）と同様の対策を実施する．

12.3　バックアップ

12.3　バックアップ

JIS Q 27002 の **12.3** に定める管理目的を適用する．

JIS Q 27002:2014

目的　データの消失から保護するため．

12.3.1　情報のバックアップ

JIS Q 27002 の **12.3.1** に定める管理策及び付随する実施の手引を適用する．次のク

ラウドサービス固有の実施の手引も適用する.

JIS Q 27002:2014

管理策

情報，ソフトウェア及びシステムイメージのバックアップは，合意されたバックアップ方針に従って定期的に取得し，検査することが望ましい.

クラウドサービスのための実施の手引

クラウドサービスカスタマ	クラウドサービスプロバイダ
クラウドサービスプロバイダがクラウドサービスの一部としてバックアップ機能を提供する場合は，クラウドサービスカスタマは，クラウドサービスプロバイダにバックアップ機能の仕様を要求することが望ましい．また，クラウドサービスカスタマは，その仕様がバックアップに関する要求事項を満たすことを検証することが望ましい. クラウドサービスプロバイダがバックアップ機能を提供しない場合は，クラウドサービスカスタマがバックアップ機能の導入に責任を負う.	クラウドサービスプロバイダは，クラウドサービスカスタマに，バックアップ機能の仕様を提供することが望ましい．その仕様には，必要に応じ，次の情報を含めることが望ましい. —バックアップ範囲及びスケジュール —該当する場合には暗号を含む，バックアップ手法及びデータ形式 —バックアップデータ保持期間 —バックアップデータの完全性を検証するための手順 —バックアップからのデータ復旧手順及び所要時間 —バックアップ機能の試験手順 —バックアップの保存場所 クラウドサービスプロバイダは，クラウドサービスカスタマにバックアップにアクセスさせるサービスを提供する場合には，仮想スナップショットなどの，セキュリティを保った，他のクラウドサービスカスタマから分離したアクセスを提供することが望ましい.

クラウドサービスのための関連情報

クラウドコンピューティング環境におけるバックアップの取得に関する責任分担は，曖昧になりがちである．IaaS の場合，バックアップ取得の責任は一般的にはクラウドサービスカスタマ側にある．しかしながら，クラウドサービスカスタマは，クラウドコンピューティングシステムにおいて生成される全てのクラウドサービスカスタマデータ（例えば，PaaS の開発機能の利用によって生成される実行可能なファイル）のバックアップを取得することについて，自らの責任を認識していない場合がある.

注記　幾つかのレベルのバックアップ及び復旧が，追加費用のサービスとして提供される場合がある．この場合，クラウドサービスカスタマは，バックアップ取得の対象及び時点を選ぶことができる.

❖解　説

クラウドサービスのバックアップに関するクラウドサービスプロバイダの実施及び責任の範囲はクラウドサービスの種類によって異なる．例えば，IaaSの場合は基盤を提供するサービスなので，クラウドサービスのための関連情報にあるように，バックアップ取得の責任は通常クラウドサービスカスタマにある．PaaSの場合，クラウドサービスカスタマのバックアップ取得の責任は，一般的にPaaS上で構築するアプリケーションなどのシステムやデータに限られる．SaaSの場合，クラウドサービスカスタマはアプリケーション上のデータのバックアップ取得の責任をもち，システムのバックアップ取得には通常責任をもたない．

バックアップに関するクラウドサービスプロバイダの実施及び責任の範囲は異なるが，いずれのクラウドサービスにおいても，クラウドサービスカスタマは何らかのバックアップ取得の責任をもつことになる．

クラウドサービスカスタマが自身の責任に帰するバックアップを行わない場合，データ（例えば，クラウドコンピューティング環境のクラウドサービスカスタマのデータ，クラウドサービスの機能によって生成される実行可能ファイル）のバックアップ漏れやリストアが実施できないなどの損害が生じるおそれがある．

これに対応するため，クラウドサービスカスタマはクラウドサービスプロバイダとの間でバックアップの取得や保管などに関する責任分担をあらかじめ確認しておく．また，クラウドサービスにおけるバックアップ機能の有無やバックアップ機能の仕様もあわせて，合意書や操作手順書などで確認しておくとよい．

利用するクラウドサービスで提供されるバックアップ機能がクラウドサービスカスタマのバックアップに関する情報セキュリティ要求事項を満たしていない場合，あるいはバックアップ機能が提供されない場合は，クラウドサービスカスタマ自身でバックアップを行う必要がある．

なお，バックアップデータを同じクラウドコンピューティング環境に保存することは，クラウドサービス自体の停止やサーバダウンによるシステム全体のデータ消失などの大規模な障害が発生した場合に，バックアップデータ自体も消失するリスクがあることに注意が必要である．

12.4　ログ取得及び監視

12.4　ログ取得及び監視

JIS Q 27002 の **12.4** に定める管理目的を適用する．

JIS Q 27002:2014

目的　イベントを記録し，証拠を作成するため．

12.4.1　イベントログ取得

JIS Q 27002 の **12.4.1** に定める管理策並びに付随する実施の手引及び関連情報を適用する．次のクラウドサービス固有の実施の手引も適用する．

JIS Q 27002:2014

管理策

利用者の活動，例外処理，過失及び情報セキュリティ事象を記録したイベントログを取得し，保持し，定期的にレビューすることが望ましい．

クラウドサービスのための実施の手引

クラウドサービスカスタマ	クラウドサービスプロバイダ
クラウドサービスカスタマは，イベントログ取得の要求事項を定義し，クラウドサービスがその要求事項を満たすことを検証することが望ましい．	クラウドサービスプロバイダは，クラウドサービスカスタマに，ログ取得機能を提供することが望ましい．

クラウドサービスのための関連情報

イベントログ取得に関するクラウドサービスカスタマ及びクラウドサービスプロバイダの責任は，利用しているクラウドサービスの種類に応じて異なる．例えば，IaaSでは，クラウドサービスプロバイダのログ取得の責任はクラウドコンピューティングの基盤を構成する要素に関するログ取得に限られる場合があり，クラウドサービスカスタマが自らの仮想マシン及びアプリケーションのイベントログ取得に責任を負う場合がある．

❖解　説

情報セキュリティ事象の検知や証拠の作成のため，イベントログ取得は情報セキュリティを維持するうえで重要である．しかし，クラウドサービスカスタマが可能なイベントログ取得は一部に限られることが多い．このため，取得できないイベントログについては，クラウドサービスプロバイダによる取得に依存することになる．

また，クラウドサービスのための関連情報にあるように，イベントログ取得に関するクラウドサービスプロバイダの責任範囲は，おのおののクラウドサービスによって異なる．このため，クラウドサービスカスタマは利用するクラウドサービスのイベントログ取得機能や範囲をクラウドサービスプロバイダに確認する必要がある．

クラウドサービスプロバイダから提供されるイベントログ取得機能で組織の情報セキュリティ要求事項を満たない場合には，クラウドサービスカスタマ自身でイベントログを取得する必要がある．

12.4.2　ログ情報の保護

JIS Q 27002の**12.4.2**に定める管理策並びに付随する実施の手引及び関連情報を適用する．

❖解　説

12.4.2については，ISO/IEC 27002（JIS Q 27002）と同様の対策を実施する．

12.4.3　実務管理者及び運用担当者の作業ログ

JIS Q 27002の**12.4.3**に定める管理策並びに付随する実施の手引及び関連情報を適用する．次のクラウドサービス固有の実施の手引も適用する．

JIS Q 27002:2014

管理策

システムの実務管理者及び運用担当者の作業は，記録し，そのログを保護し，定期的にレビューすることが望ましい．

クラウドサービスのための実施の手引

クラウドサービスカスタマ	クラウドサービスプロバイダ
特権的な操作がクラウドサービスカスタマに委譲されている場合は，その操作及び操作のパフォーマンスについてログを取得することが望ましい．クラウドサービスカスタマは，クラウドサービスプロバイダが提供するログ取得機能が適切かどうか，又はクラウドサービスカスタマがログ取得機能を追加して実装すべきかどうかを決定することが望ましい．	（追加の実施の手引なし）

クラウドサービスのための関連情報

クラウドサービスカスタマとクラウドサービスプロバイダとの間の責任の割当て（**6.1.1** を参照）は，クラウドサービスに関する特権的な操作を対象としていることが望ましい．特権的な操作の誤った利用に対する予防処置及び是正処置を支援するために，特権的な操作の利用を監視し，また，ログを取得する必要がある．

❖解　説

クラウドサービス実務管理者は重要な特権的な操作（例えば，ウェブサーバの設定やクラウドサービスの仮想化環境の設定情報の取得，ユーティリティプログラムの使用）を行うことが多い．特権的な操作がクラウドサービスプロバイダから与えられた場合に，情報セキュリティの責任が問われる場合がある．これに対応するため，クラウドサービス実務管理者の不正操作や誤操作を監視するためのログ取得・管理機能が必要である．また，クラウドシステム環境上にクラウドサービスカスタマが構築したシステムの運用担当者のログ取得・管理機能も組織の情報セキュリティ方針に基づいて必要とされる．

利用するクラウドサービスにおいて，これらのログ取得・管理機能が提供されるかどうかを確認しておく．クラウドサービスプロバイダが提供するクラウドサービス実務管理者の操作ログの取得や管理の機能が組織の情報セキュリティ要求事項を満たさない部分については，クラウドサービスカスタマ自身でログ取得・管理を実施することになる．

また，特権的な操作の権限がクラウドサービスカスタマに与えられる場合は，クラウドサービスのための関連情報にあるように，クラウドサービスプロバイダとクラウドサービスカスタマの責任の割当てを“6.1.1 情報セキュリティの役割及び責任”に沿って，あらかじめ明確にしておくことも重要である.

12.4.4　クロックの同期

JIS Q 27002 の **12.4.4** に定める管理策並びに付随する実施の手引及び関連情報を適用する. 次のクラウドサービス固有の実施の手引も適用する.

JIS Q 27002:2014

管理策

組織又はセキュリティ領域内の関連する全ての情報処理システムのクロックは，単一の参照時刻源と同期させることが望ましい.

クラウドサービスのための実施の手引

クラウドサービスカスタマ	クラウドサービスプロバイダ
クラウドサービスカスタマは，クラウドサービスプロバイダのシステムで使用するクロックの同期について，情報を要求することが望ましい.	クラウドサービスプロバイダは，クラウドサービスカスタマに，クラウドサービスプロバイダのシステムで使用しているクロックについて，及びクラウドサービスカスタマがそのクロックをクラウドサービスのクロックに同期させる方法について，情報を提供することが望ましい.

クラウドサービスのための関連情報

クラウドサービスカスタマのシステムと，クラウドサービスカスタマが利用するクラウドサービスを実行しているクラウドサービスプロバイダのシステムとの間のクロックの同期を考慮する必要がある. このような同期がなされない場合，クラウドサービスカスタマのシステムにおけるイベントとクラウドサービスプロバイダのシステムにおけるイベントとを照合することが難しい場合がある.

❖解　説

クラウドサービスカスタマのシステムとクラウドサービスプロバイダのシステムとの間のクロックが同期されていないと監査ログの正確さを確実にすることができない. 特に，クラウドサービスプロバイダが国外にデータセンタをもつ場合，クラウドサービスカスタマの地域・国に合わせたクロックの同期が必要となる．

一般的に，仮想マシンのクロックの同期方法には次の2種類がある．

・NTP（Network Time Protocol）による方式

・ハイパーバイザによる方式

必要な場合，クロックの同期方法をクラウドサービスプロバイダに確認する．

CLD.12.4.5　クラウドサービスの監視

管理策

クラウドサービスカスタマは，クラウドサービスカスタマが利用するクラウドサービスの操作の特定の側面を監視する能力をもつことが望ましい．

クラウドサービスのための実施の手引

クラウドサービスカスタマ	クラウドサービスプロバイダ
クラウドサービスカスタマは，クラウドサービスプロバイダに，各クラウドサービスで利用可能なサービス監視機能に関する情報を要求することが望ましい．	クラウドサービスプロバイダは，クラウドサービスカスタマが，自らに関係するクラウドサービスの操作の特定の側面を監視できるようにする機能を提供することが望ましい．例えば，クラウドサービスが，他者を攻撃する基盤として利用されていないか，機微なデータがクラウドサービスから漏えいしていないかを監視し検出する．適切なアクセス制御によって，監視機能の利用のセキュリティを保つことが望ましい．この機能は，当該クラウドサービスカスタマのクラウドサービスインスタンスに関する情報へのアクセスだけを許可することが望ましい． クラウドサービスプロバイダは，クラウドサービスカスタマにサービス監視機能の文書を提供することが望ましい． 監視は，**12.4.1** に記載されたイベントログと矛盾しないデータを提供し，かつ，SLA の条項の適用を支援することが望ましい．

❖解　説

クラウドサービスが他者を攻撃する基盤として利用されていないか，機微なデータがクラウドサービスから漏えいしていないかなど，クラウドサービスカスタマ自身に関係する範囲において，クラウドサービスカスタマ自身が監視する仕組みが必要である．しかし，クラウドサービスカスタマが自身のクラウドサービスの利用状況を監視するためには，ログ取得機能などのクラウドサービスの監視機能や，クラウドサービスプロバイダから提供される監視情報に依存せざるを得ない．このようなクラウドサービス固有の状況から本管理策が設けられている．

クラウドサービスのための実施の手引にあるように，クラウドサービス利用において，サービス監視機能に関する情報をクラウドサービスプロバイダに要求する必要がある．

12.5　運用ソフトウェアの管理

12.5　運用ソフトウェアの管理

JIS Q 27002 の **12.5** に定める管理目的を適用する．

JIS Q 27002:2014

目的　運用システムの完全性を確実にするため．

12.5.1　運用システムに関わるソフトウェアの導入

JIS Q 27002 の **12.5.1** に定める管理策及び付随する実施の手引を適用する．

❖解　説

12.5.1 については，ISO/IEC 27002（JIS Q 27002）と同様の対策を実施する．

12.6　技術的ぜい弱性管理

12.6　技術的ぜい弱性管理

JIS Q 27002 の **12.6** に定める管理目的を適用する．

JIS Q 27002:2014

目的　技術的ぜい弱性の悪用を防止するため．

12.6.1　技術的ぜい弱性の管理

JIS Q 27002 の **12.6.1** に定める管理策並びに付随する実施の手引及び関連情報を適

用する．次のクラウドサービス固有の実施の手引も適用する．

JIS Q 27002:2014

管理策

利用中の情報システムの技術的ぜい弱性に関する情報は，時機を失せずに獲得することが望ましい．また，そのようなぜい弱性に組織がさらされている状況を評価することが望ましい．さらに，それらと関連するリスクに対処するために，適切な手段をとることが望ましい．

クラウドサービスのための実施の手引

クラウドサービスカスタマ	クラウドサービスプロバイダ
クラウドサービスカスタマは，クラウドサービスプロバイダに，提供を受けるクラウドサービスに影響し得る技術的ぜい弱性の管理に関する情報を要求することが望ましい．クラウドサービスカスタマは，自らが管理に責任をもつ技術的ぜい弱性を特定し，それを管理するプロセスを明確に定義することが望ましい．	クラウドサービスプロバイダは，提供するクラウドサービスに影響し得る技術的ぜい弱性の管理に関する情報をクラウドサービスカスタマが利用できるようにすることが望ましい．

❖解　説

クラウドコンピューティングに関する技術的ぜい弱性がクラウドサービスカスタマに影響を及ぼすリスクがある．このため，クラウドサービスに影響するおそれがある技術的ぜい弱性の管理に関する情報をクラウドサービスプロバイダに対して要求する必要がある．

なお，すべての技術的ぜい弱性に関する情報がクラウドサービスプロバイダから得られるわけではないことに注意を要する．また，クラウドサービスカスタマが構築したシステムに対しては，自身で技術的ぜい弱性を特定し，管理する必要がある．

技術的ぜい弱性に関する情報がクラウドサービスプロバイダから提供された場合，又はクラウドサービスカスタマ側で技術的ぜい弱性を発見した場合，“12.1.2 変更管理”“14.2.2 システムの変更管理手順”“16.1.5 情報セキュリティインシデントへの対応”などの手順に従って，クラウドサービスプロバイダと連携して対処する．

> **12.6.2　ソフトウェアのインストールの制限**
> **JIS Q 27002** の **12.6.2** に定める管理策並びに付随する実施の手引及び関連情報を適用する.

❖解　説

12.6.2 については，ISO/IEC 27002（JIS Q 27002）と同様の対策を実施する.

12.7　情報システムの監査に対する考慮事項

> **12.7　情報システムの監査に対する考慮事項**
> **JIS Q 27002** の **12.7** に定める管理目的を適用する.
>
> **JIS Q 27002:2014**
> **目的**　運用システムに対する監査活動の影響を最小限にするため.
>
> **12.7.1　情報システムの監査に対する管理策**
> **JIS Q 27002** の **12.7.1** に定める管理策及び付随する実施の手引を適用する.

❖解　説

12.7.1 については，ISO/IEC 27002（JIS Q 27002）と同様の対策を実施する.

13 通信のセキュリティ

13.1 ネットワークセキュリティ管理

13 通信のセキュリティ

13.1 ネットワークセキュリティ管理

JIS Q 27002 の **13.1** に定める管理目的を適用する.

JIS Q 27002:2014

目的 ネットワークにおける情報の保護，及びネットワークを支える情報処理施設の保護を確実にするため.

13.1.1 ネットワーク管理策

JIS Q 27002 の **13.1.1** に定める管理策並びに付随する実施の手引及び関連情報を適用する.

13.1.2 ネットワークサービスのセキュリティ

JIS Q 27002 の **13.1.2** に定める管理策並びに付随する実施の手引及び関連情報を適用する.

❖解 説

13.1.1，13.1.2 については，それぞれ ISO/IEC 27002（JIS Q 27002）と同様の対策を実施する.

13.1.3 ネットワークの分離

JIS Q 27002 の **13.1.3** に定める管理策並びに付随する実施の手引及び関連情報を適用する. 次のクラウドサービス固有の実施の手引も適用する.

JIS Q 27002:2014

管理策

情報サービス，利用者及び情報システムは，ネットワーク上で，グループごとに分離することが望ましい.

クラウドサービスのための実施の手引

クラウドサービスカスタマ	クラウドサービスプロバイダ
クラウドサービスカスタマは，クラウドサービスの共有環境においてテナントの分離を実現するためのネットワークの	クラウドサービスプロバイダは，次の場合においてネットワークアクセスの分離を確実に実施することが望ましい.

分離に関する要求事項を定義し，クラウドサービスプロバイダがその要求事項を満たしていることを検証することが望ましい．	—マルチテナント環境におけるテナント間の分離 —クラウドサービスプロバイダ内部の管理環境とクラウドサービスカスタマのクラウドコンピューティング環境との分離 必要な場合には，クラウドサービスプロバイダは，クラウドサービスプロバイダが実施している分離を，クラウドサービスカスタマが検証することを助けることが望ましい．

クラウドサービスのための関連情報

法令及び規制によって，ネットワークの分離又はネットワークトラフィックの分離が求められることがある．

❖解　説

クラウドサービスは，仮想環境など，物理的又は仮想的な資源を共用することで成り立っており，共有された資源に対して，ネットワークからクラウドサービスカスタマのテナントがアクセスする．クラウドサービスでは複数のテナントが存在し，テナントごとに物理的又は仮想的に単一に組み合わされる資源が割り当てられる．

テナントごとのデータの機密性などの観点から，ネットワークの分離が必要である．クラウドサービスにおけるネットワークの分離は，テナントに割り当てられる資源の形態によって，物理資源が独立した物理ネットワークによる物理的分離，物理資源を共有した論理ネットワークによる論理的分離などがある．

クラウドサービスの利用にあたっては，ネットワークの分離によるセキュリティ確保について，セキュリティホワイトペーパーのような，クラウドサービスプロバイダが提供する技術的情報を確認するなどして，組織の情報セキュリティ要求事項を満たすことを確認する．なお，技術的にはテナント間の仮想的な資源の分離をネットワーク分離以外の方法で実装することもあるため，クラウドサービスプロバイダにテナント間の分離方法について，確認することが望ましい（次の CLD.13.1.4 の解説を参照）.

CLD.13.1.4　仮想及び物理ネットワークのセキュリティ管理の整合

管理策

仮想ネットワークを設定する際には，クラウドサービスプロバイダのネットワークセキュリティ方針に基づいて，仮想ネットワークと物理ネットワークとの間の設定の整合性を検証することが望ましい.

クラウドサービスのための実施の手引

クラウドサービスカスタマ	クラウドサービスプロバイダ
（追加の実施の手引なし）	クラウドサービスプロバイダは，物理ネットワークの情報セキュリティ方針と整合の取れた，仮想ネットワークを設定するための情報セキュリティ方針を定義し文書化することが望ましい．クラウドサービスプロバイダは，設定作成に使用する手段によらず，仮想ネットワークの設定が情報セキュリティ方針に適合することを確実にすることが望ましい.

クラウドサービスのための関連情報

仮想化技術を基にして設定されたクラウドコンピューティング環境では，仮想ネットワークは物理ネットワーク上の仮想基盤上に設定される．このような環境では，ネットワーク方針の矛盾は，システムの停止又はアクセス制御の欠陥の原因になり得る.

注記　クラウドサービスの種類によって，仮想ネットワークを設定する責任は，クラウドサービスカスタマとクラウドサービスプロバイダとの間で変わることがある

❖解　説

本管理策はクラウドサービスプロバイダが行う対策であり，クラウドサービスカスタマが実施すべき内容ではない.

ただし，ネットワークの分離以外の方法でテナントの分離を行っている場合，クラウドサービスカスタマはクラウドサービスプロバイダが本管理策を実施していることを確認することが望ましい.

13.2 情報の転送

13.2　情報の転送

JIS Q 27002 の **13.2** に定める管理目的を適用する.

JIS Q 27002:2014

目的　組織の内部及び外部に転送した情報のセキュリティを維持するため.

13.2.1　情報転送の方針及び手順

JIS Q 27002 の **13.2.1** に定める管理策並びに付随する実施の手引及び関連情報を適用する.

13.2.2　情報転送に関する合意

JIS Q 27002 の **13.2.2** に定める管理策並びに付随する実施の手引及び関連情報を適用する.

13.2.3　電子的メッセージ通信

JIS Q 27002 の **13.2.3** に定める管理策並びに付随する実施の手引及び関連情報を適用する.

13.2.4　秘密保持契約又は守秘義務契約

JIS Q 27002 の **13.2.4** に定める管理策並びに付随する実施の手引及び関連情報を適用する.

❖解　説

13.2.1～13.2.4 については，それぞれ ISO/IEC 27002（JIS Q 27002）と同様の対策を実施する.

14　システムの取得，開発及び保守

14.1　情報システムのセキュリティ要求事項

14　システムの取得，開発及び保守

14.1　情報システムのセキュリティ要求事項

JIS Q 27002 の **14.1** に定める管理目的を適用する.

JIS Q 27002:2014

目的　ライフサイクル全体にわたって，情報セキュリティが情報システムに欠くことのできない部分であることを確実にするため．これには，公衆ネットワークを介してサービスを提供する情報システムのための要求事項も含む.

14.1.1　情報セキュリティ要求事項の分析及び仕様化

JIS Q 27002 の **14.1.1** に定める管理策並びに付随する実施の手引及び関連情報を適用する．次のクラウドサービス固有の実施の手引も適用する.

JIS Q 27002:2014

管理策

情報セキュリティに関連する要求事項は，新しい情報システム又は既存の情報システムの改善に関する要求事項に含めることが望ましい.

クラウドサービスのための実施の手引

クラウドサービスカスタマ	クラウドサービスプロバイダ
クラウドサービスカスタマは，クラウドサービスにおける情報セキュリティ要求事項を定め，クラウドサービスプロバイダの提供するサービスがこの要求事項を満たせるか否かを評価することが望ましい. この評価のために，クラウドサービスカスタマは，クラウドサービスプロバイダに情報セキュリティ機能に関する情報の提供を要求することが望ましい.	クラウドサービスプロバイダは，クラウドサービスカスタマが利用する情報セキュリティ機能に関する情報をクラウドサービスカスタマに提供することが望ましい．この情報は，悪意をもつ者を利する可能性のある情報を開示することなく，クラウドサービスカスタマには役立つものであることが望ましい.

クラウドサービスのための関連情報

守秘義務契約を結んでいるクラウドサービスカスタマ又は潜在的なクラウドサービスカスタマに提供するクラウドサービスに関係するため，情報セキュリティ管理策に関して，その実施の詳細については，開示を制限するように注意することが望ましい.

❖解　説

本管理策は，クラウドサービス利用の観点から，クラウドサービスに関する情報セキュリティ要求事項をクラウドサービスプロバイダに求めることを包括的に規定したものである．クラウドサービスプロバイダへの具体的な個々の情報セキュリティ要求事項は，ISO/IEC 27017 の管理策と実施の手引にそれぞれ規定されている（ISO/IEC 27002 に記載されている内容を含む）．

注意すべき点として，クラウドサービスカスタマがクラウドサービスプロバイダに要求する事項は，クラウドサービスプロバイダが自身のセキュリティ対策を ISO/IEC 27002 に基づいて行うものと，クラウドサービスカスタマのための機能提供や情報提供など，ISO/IEC 27017 の規定に基づくものの 2 種類あるということがあげられる．

例えば，“9.4.1 情報へのアクセス制限” を例にあげてみよう．ISO/IEC 27002 に基づいて，クラウドサービスプロバイダはクラウドサービスを開発・維持・提供などを行うため，自身のセキュリティ対策として，クラウドサービスプロバイダ内の重要情報（開発情報や運用情報，顧客情報など）への従業員などからのアクセスを制限する．一方で，ISO/IEC 27017 に基づき，クラウドサービスカスタマに対して，クラウドサービスカスタマによるクラウドサービスへのアクセス，クラウドサービス機能へのアクセス，クラウドサービスカスタマデータへのアクセスを実現するためのアクセス制御機能を提供する．クラウドサービスカスタマは，これら二つの情報セキュリティに関する要求をクラウドサービスプロバイダに対して行う．

クラウドサービスカスタマは，組織の情報セキュリティ基本方針に従って，クラウドサービスの利用にあたっての情報セキュリティ要求事項を定める必要がある．この要求事項に基づいて，クラウドサービスプロバイダが提供する情報を分析し，それが満たされるか否かを評価する．

仮に，要求事項が満たされない場合には，クラウドサービス利用に伴って新たなリスクが生じることになるため，そのリスクに対する対応を検討することが求められることになる．

これらの情報セキュリティ要求事項に関して，クラウドサービスプロバイダがクラウドサービスカスタマに提供した情報のとおりに実施しているかについては，“18.2.1 情報セキュリティの独立したレビュー”で確認する．

14.1.2　公衆ネットワーク上のアプリケーションサービスのセキュリティの考慮

JIS Q 27002 に定める **14.1.2** の管理策並びに付随する実施の手引及び関連情報を適用する．

14.1.3　アプリケーションサービスのトランザクションの保護

JIS Q 27002 の **14.1.3** に定める管理策並びに付随する実施の手引及び関連情報を適用する．

❖解　説

14.1.2，14.1.3 については，それぞれ ISO/IEC 27002（JIS Q 27002）と同様の対策を実施する．

14.2　開発及びサポートプロセスにおけるセキュリティ

14.2　開発及びサポートプロセスにおけるセキュリティ

JIS Q 27002 の **14.2** に定める管理目的を適用する．

JIS Q 27002:2014

目的　情報システムの開発サイクルの中で情報セキュリティを設計し，実施することを確実にするため．

14.2.1　セキュリティに配慮した開発のための方針

JIS Q 27002 の **14.2.1** に定める管理策並びに付随する実施の手引及び関連情報を適用する．次のクラウドサービス固有の実施の手引も適用する．

JIS Q 27002:2014

管理策

ソフトウェア及びシステムの開発のための規則は，組織内において確立し，開発に対して適用することが望ましい．

クラウドサービスのための実施の手引

クラウドサービスカスタマ	クラウドサービスプロバイダ
クラウドサービスカスタマは，クラウドサービスプロバイダが適用しているセキュリティに配慮した開発の手順及び実践に関する情報を，クラウドサービスプロバイダに要求することが望ましい．	クラウドサービスプロバイダは，開示方針に合致する範囲で，適用しているセキュリティに配慮した開発の手順及び実践に関する情報を提供することが望ましい．

クラウドサービスのための関連情報

クラウドサービスプロバイダのセキュリティに配慮した開発の手順及び実践は，SaaS のクラウドサービスカスタマにとって不可欠なものとなりえる．

❖解　説

クラウドサービスカスタマの情報セキュリティ要求事項を満たすクラウドサービスの提供を受けるために，クラウドサービスプロバイダにクラウドサービスの開発において，どのようにセキュリティに配慮しているかに関する情報を要求する．

具体的には，利用するクラウドサービスが必要なセキュリティ機能を搭載しているか，セキュアプログラミング技術によりクラウドサービスが開発されているかなどの点について，開発の手順及び実践に関する情報を要求する．ただし，これらの情報の開示がクラウドサービスプロバイダのセキュリティを損なう場合があるため，開示範囲が限定されることがある．

クラウドサービスのための関連情報にもあるように，一般に SaaS の場合は，クラウドサービスプロバイダが開発したアプリケーションを利用するため，セキュリティに配慮した開発の手順の確認は不可欠である．要求事項が満たされない場合には，そのクラウドサービスの利用にリスクがあるため，対応を考慮する必要がある．

14.2.2　システムの変更管理手順

JIS Q 27002 の **14.2.2** に定める管理策並びに付随する実施の手引及び関連情報を適用する．

14.2.3　オペレーティングプラットフォーム変更後のアプリケーションの技術的レビュー

JIS Q 27002 の **14.2.3** に定める管理策並びに付随する実施の手引及び関連情報を適用する.

14.2.4　パッケージソフトウェアの変更に対する制限

JIS Q 27002 の **14.2.4** に定める管理策及び付随する実施の手引を適用する.

14.2.5　セキュリティに配慮したシステム構築の原則

JIS Q 27002 の **14.2.5** に定める管理策並びに付随する実施の手引及び関連情報を適用する.

14.2.6　セキュリティに配慮した開発環境

JIS Q 27002 の **14.2.6** に定める管理策及び付随する実施の手引を適用する.

14.2.7　外部委託による開発

JIS Q 27002 の **14.2.7** に定める管理策並びに付随する実施の手引及び関連情報を適用する.

14.2.8　システムセキュリティの試験

JIS Q 27002 の **14.2.8** に定める管理策並びに付随する実施の手引及び関連情報を適用する.

❖解　説

14.2.2～14.2.8については，それぞれISO/IEC 27002（JIS Q 27002）と同様の対策を実施する.

14.2.9　システムの受入れ試験

JIS Q 27002 の **14.2.9** に定める管理策及び付随する実施の手引を適用する.

JIS Q 27002:2014

管理策

新しい情報システム，及びその改訂版・更新版のために，受入れ試験のプログラム及び関連する基準を確立することが望ましい.

クラウドサービスのための関連情報

クラウドコンピューティングにおいては，システムの受入れ試験の手引は，クラウドサービスカスタマによるクラウドサービスの利用に適用される.

❖解　説

14.2.9については，クラウドサービスのための関連情報を参考に，ISO/IEC 27002（JIS Q 27002）と同様の対策を実施する.

14.3 試験データ

14.3　試験データ

JIS Q 27002 の **14.3** に定める管理目的を適用する.

JIS Q 27002:2014

目的　試験に用いるデータの保護を確実にするため.

14.3.1　試験データの保護

JIS Q 27002 の **14.3.1** に定める管理策並びに付随する実施の手引及び関連情報を適用する.

❖解　説

14.3.1 については，ISO/IEC 27002（JIS Q 27002）と同様の対策を実施する.

15 供給者関係

15.1 供給者関係における情報セキュリティ

15 供給者関係

15.1 供給者関係における情報セキュリティ

JIS Q 27002 の 15.1 に定める管理目的を適用する.

JIS Q 27002:2014

目的 供給者がアクセスできる組織の資産の保護を確実にするため.

15.1.1 供給者関係のための情報セキュリティの方針

JIS Q 27002 の 15.1.1 に定める管理策並びに付随する実施の手引及び関連情報を適用する. 次のクラウドサービス固有の実施の手引も適用する.

JIS Q 27002:2014

管理策

組織の資産に対する供給者のアクセスに関連するリスクを軽減するための情報セキュリティ要求事項について, 供給者と合意し, 文書化することが望ましい.

クラウドサービスのための実施の手引

クラウドサービスカスタマ	クラウドサービスプロバイダ
クラウドサービスカスタマは, クラウドサービスプロバイダを供給者の一つとして, 供給者関係のための情報セキュリティの方針に含めることが望ましい. これはクラウドサービスプロバイダによるクラウドサービスカスタマデータへのアクセス及びクラウドサービスカスタマデータの管理に関するリスクの低減に役立つ.	(追加の実施の手引なし)

❖解 説

クラウドサービスカスタマとクラウドサービスプロバイダの関係は, クラウドサービスカスタマがクラウドサービスプロバイダを供給者とする供給者関係にある. 本管理策では, クラウドサービスプロバイダがクラウドコンピューティング環境上のクラウドサービスカスタマの資産にアクセスする際の要求事項について, 合意し, 文書化することを求めている. 実際には, 合意書に記載された，クラウドサービスカスタマデータへのアクセス管理などの内容をクラウドサービス利用開始前に確認し，提示された内容が適切であれば利用を開始することになる．

クラウドサービスのための実施の手引にあるとおり，供給者関係のための情報セキュリティ方針に，供給者としてクラウドサービスプロバイダを含めることで，組織としての情報セキュリティ方針と整合させることが必要である．

なお，"14.1.1 情報セキュリティ要求事項の分析及び仕様化"は，クラウドサービスに関する各種情報セキュリティ要求事項をクラウドサービスプロバイダに要求することを包括的に規定したものである．これに対して，本管理策は組織の資産に対する供給者のアクセス（典型的には，クラウドコンピューティング環境にあるクラウドサービスカスタマデータへのクラウドサービスプロバイダによるアクセス）に関連するリスクを軽減するための情報セキュリティ要求事項に焦点を当てたものである．

また，クラウドサービスに特化したリスクではないが，クラウドサービスのサービス変更に伴うデータ移行やクラウドサービスの乗換えに際して，クラウドサービス固有の制限から簡単にデータ移行ができないリスクがクラウドサービスには存在する（ベンダーロックイン）．

ベンダーロックインはクラウドサービス利用における重大なリスクであるが，ISO/IEC 27002 の 15.1.1 に以下の実施の手引がすでに規定されているため，規定の重複を避けるために，ISO/IEC 27017 にはベンダーロックインに対するクラウドサービスのための実施の手引は記載されていない．

ISO/IEC 27002 "15.1.1 供給者関係のための情報セキュリティの方針"

実施の手引

m) 情報，情報処理施設及び移動が必要なその他のものの移行の管理，並びにその移行期間全体にわたって情報セキュリティが維持されることの確実化

15.1.2　供給者との合意におけるセキュリティの取扱い

JIS Q 27002 の 15.1.2 に定める管理策並びに付随する実施の手引及び関連情報を適用する．次のクラウドサービス固有の実施の手引も適用する．

JIS Q 27002:2014

管理策

関連する全ての情報セキュリティ要求事項を確立し，組織の情報に対して，アクセス，処理，保存若しくは通信を行う，又は組織の情報のためのIT基盤を提供する可能性のあるそれぞれの供給者と，この要求事項について合意することが望ましい．

クラウドサービスのための実施の手引

クラウドサービスカスタマ	クラウドサービスプロバイダ
クラウドサービスカスタマは，サービス合意書に記載されている，クラウドサービスに関連する情報セキュリティの役割及び責任を確認することが望ましい．これらには次のプロセスが含まれ得る． ―マルウェアからの保護 ―バックアップ ―暗号による管理策 ―ぜい弱性管理 ―インシデント管理 ―技術的順守の確認 ―セキュリティ試験 ―監査 ―ログ及び監査証跡を含む，証拠の収集，保守及び保護 ―サービス合意の終了時の情報の保護 ―認証及びアクセス制御 ―アイデンティティ管理及びアクセス管理	クラウドサービスプロバイダは，クラウドサービスカスタマとの間で誤解が生じないことを確実にするために，合意の一部として，クラウドサービスプロバイダが実施する，クラウドサービスカスタマに関係する情報セキュリティ対策を特定することが望ましい． クラウドサービスプロバイダが実施する，クラウドサービスカスタマに関係する情報セキュリティ対策は，クラウドサービスカスタマが利用するクラウドサービスの種類によって異なることがある．

❖解　説

“15.1.1 供給者関係のための情報セキュリティの方針”が方針レベルの合意に関する規定であるのに対して，本管理策はISO/IEC 27017 の管理策及びクラウドサービスのための実施の手引にあげられているような，各種個別の情報セキュリティの役割及び責任について，クラウドサービスプロバイダと合意することを規定している.

クラウドサービスカスタマとクラウドサービスプロバイダとの間の情報セキュリティの役割及び責任が曖昧になるリスクや両者の認識にギャップが生じるリスクを低減するために，クラウドサービスのための実施の手引に記載されている各プロセスを参考に，個別の情報セキュリティの項目について，クラウドサービスプロバイダがどのような役割及び責任をもち，どのような情報セキュリティ管理策・機能を提供するかを確認し，合意する必要がある.

15.1.3　ICT サプライチェーン

JIS Q 27002 の **15.1.3** に定める管理策並びに付随する実施の手引及び関連情報を適用する．次のクラウドサービス固有の実施の手引も適用する.

JIS Q 27002:2014

管理策

供給者との合意には，情報通信技術（以下，ICT という.）サービス及び製品のサプライチェーンに関連する情報セキュリティリスクに対処するための要求事項を含めることが望ましい.

クラウドサービスのための実施の手引

クラウドサービスカスタマ	クラウドサービスプロバイダ
(追加の実施の手引なし)	クラウドサービスプロバイダがピアクラウドサービスプロバイダのクラウドサービスを利用する場合，情報セキュリティ水準を自身のクラウドサービスカスタマに対するものと同等又はそれ以上に保つことを確実にすることが望ましい. クラウドサービスプロバイダは，サプライチェーンでクラウドサービスを提供する場合は，供給者に対して情報セキュリティ目的を示し，それを達成するためのリスクマネジメント活動の実施を要求することが望ましい.

❖解　説

15.1.3 については，ISO/IEC 27002（JIS Q 27002）と同様の対策を実施する.

15.2 供給者のサービス提供の管理

15.2 供給者のサービス提供の管理

JIS Q 27002 の **15.2** に定める管理目的を適用する.

JIS Q 27002:2014

目的 供給者との合意に沿って，情報セキュリティ及びサービス提供について合意したレベルを維持するため.

15.2.1 供給者のサービス提供の監視及びレビュー

JIS Q 27002 の **15.2.1** に定める管理策及び付随する実施の手引を適用する.

15.2.2 供給者のサービス提供の変更に対する管理

JIS Q 27002 の **15.2.2** に定める管理策及び付随する実施の手引を適用する.

❖解　説

15.2.1，15.2.2 については，それぞれ ISO/IEC 27002（JIS Q 27002）と同様の対策を実施する.

16　情報セキュリティインシデント管理

16.1　情報セキュリティインシデントの管理及びその改善

16　情報セキュリティインシデント管理

16.1　情報セキュリティインシデントの管理及びその改善

JIS Q 27002 の **16.1** に定める管理目的を適用する．

JIS Q 27002:2014

目的　セキュリティ事象及びセキュリティ弱点に関する伝達を含む，情報セキュリティインシデントの管理のための，一貫性のある効果的な取組みを確実にするため．

16.1.1　責任及び手順

JIS Q 27002 の **16.1.1** に定める管理策並びに付随する実施の手引及び関連情報を適用する．次のクラウドサービス固有の実施の手引も適用する．

JIS Q 27002:2014

管理策

情報セキュリティインシデントに対する迅速，効果的かつ順序だった対応を確実にするために，管理層の責任及び手順を確立することが望ましい．

クラウドサービスのための実施の手引

クラウドサービスカスタマ	クラウドサービスプロバイダ
クラウドサービスカスタマは，情報セキュリティインシデント管理についての責任の割当てを検証し，それがクラウドサービスカスタマの要求事項を満たすことを確認することが望ましい．	クラウドサービスプロバイダは，クラウドサービスカスタマとクラウドサービスプロバイダとの間の，情報セキュリティインシデント管理に関する責任の割当て及び手順を，サービス仕様の一部として定めることが望ましい． クラウドサービスプロバイダは，クラウドサービスカスタマに，次のことを含む文書を提供することが望ましい． —クラウドサービスプロバイダがクラウドサービスカスタマに報告する情報セキュリティインシデントの範囲 —情報セキュリティインシデントの検出及びそれに伴う対応の開示レベル —情報セキュリティインシデントの通知を行う目標時間 —情報セキュリティインシデントの通知手順

	—情報セキュリティインシデントに関係する事項の取扱いのための窓口の情報 —特定の情報セキュリティインシデントが発生した場合に適用可能なあらゆる対処

❖解 説

クラウドサービスでシステム障害などの情報セキュリティインシデントが発生した場合，クラウドサービスカスタマは業務の停止など，大きな影響を被ることになる．情報セキュリティインシデントへの対応はクラウドサービスプロバイダの協力なしには解決することができないため，対応に必要な情報をあらかじめクラウドサービスプロバイダに確認し，自身の情報セキュリティ要求事項を満たすことを検証する必要がある．

確認すべき項目として，例えば，以下の内容があげられる．

—クラウドサービスプロバイダがクラウドサービスカスタマに報告する情報セキュリティインシデントの範囲

—情報セキュリティインシデントの検出及びそれに伴う対応の開示レベル

—情報セキュリティインシデントの通知を行う目標時間

—情報セキュリティインシデントの通知手順

—情報セキュリティインシデントに関係する事項の取扱窓口の情報

—特定の情報セキュリティインシデントが発生した場合に適用可能なあらゆる対処

16.1.2 情報セキュリティ事象の報告

JIS Q 27002 の **16.1.2** に定める管理策並びに付随する実施の手引及び関連情報を適用する．次のクラウドサービス固有の実施の手引も適用する．

JIS Q 27002:2014

管理策

情報セキュリティ事象は，適切な管理者への連絡経路を通して，できるだけ速やかに報告することが望ましい．

クラウドサービスのための実施の手引

クラウドサービスカスタマ	クラウドサービスプロバイダ
クラウドサービスカスタマは，クラウドサービスプロバイダに，次に示す仕組みに関する情報を要求することが望ましい. —クラウドサービスカスタマが，検知した情報セキュリティ事象をクラウドサービスプロバイダに報告する仕組み —クラウドサービスプロバイダが，検知した情報セキュリティ事象をクラウドサービスカスタマに報告する仕組み —クラウドサービスカスタマが，報告を受けた情報セキュリティ事象の状況を追跡する仕組み	クラウドサービスプロバイダは，次の仕組みを提供することが望ましい. —クラウドサービスカスタマが，情報セキュリティ事象をクラウドサービスプロバイダに報告する仕組み —クラウドサービスプロバイダが，情報セキュリティ事象をクラウドサービスカスタマに報告する仕組み —クラウドサービスカスタマが，報告を受けた情報セキュリティ事象の状況を追跡する仕組み

クラウドサービスのための関連情報

この仕組みでは，手続を規定するだけでなく，クラウドサービスカスタマ及びクラウドサービスプロバイダの両者の連絡先電話番号，電子メールアドレス，サービス時間などの必須の情報も提示することが望ましい.

情報セキュリティ事象は，クラウドサービスカスタマ及びクラウドサービスプロバイダのいずれも検知することがある．そのため，クラウドコンピューティングにおいては，事象を検知した当事者が他の当事者にそれを直ちに報告する手続をもつことも主要な責任として加わる.

❖解　説

“16.1.1 責任及び手順”で述べたように，クラウドサービスにおける情報セキュリティインシデントに対して，クラウドサービスプロバイダの協力なしには対応ができない．一方で，情報セキュリティ事象をクラウドサービスカスタマが最初に検知することもある.

両者が相互に速やかに，情報セキュリティ事象の情報を共有できるように，クラウドサービスカスタマとクラウドサービスプロバイダとの間で，発見・報告手順があることを相互に確認し，情報セキュリティ事象に対して協調的に対応できるような仕組みを整える必要がある.

16.1.3 情報セキュリティ弱点の報告

JIS Q 27002 の **16.1.3** に定める管理策並びに付随する実施の手引及び関連情報を適用する.

16.1.4 情報セキュリティ事象の評価及び決定

JIS Q 27002 の **16.1.4** に定める管理策及び付随する実施の手引を適用する.

16.1.5 情報セキュリティインシデントへの対応

JIS Q 27002 の **16.1.5** に定める管理策並びに付随する実施の手引及び関連情報を適用する.

16.1.6 情報セキュリティインシデントからの学習

JIS Q 27002 の **16.1.6** に定める管理策並びに付随する実施の手引及び関連情報を適用する.

❖解　説

16.1.3～16.1.6については，それぞれISO/IEC 27002（JIS Q 27002）と同様の対策を実施する.

16.1.7 証拠の収集

JIS Q 27002 の **16.1.7** に定める管理策並びに付随する実施の手引及び関連情報を適用する．次のクラウドサービス固有の実施の手引も適用する.

JIS Q 27002:2014

管理策

組織は，証拠となり得る情報の特定，収集，取得及び保存のための手順を定め，適用することが望ましい.

クラウドサービスのための実施の手引

クラウドサービスカスタマ	クラウドサービスプロバイダ
クラウドサービスカスタマ及びクラウドサービスプロバイダは，クラウドコンピューティング環境内で生成される，ディジタル証拠となり得る情報及びその他の情報の提出要求に対応する手続について合意することが望ましい.	

❖解　説

“ディジタル証拠”とは，“デジタル形態で保存され又は転送される，証拠価値のある情報”*3（脚注は次ページ）をいう．ログ情報などが典型的なディジタル証拠となりうる．

情報セキュリティインシデントの対処には，ディジタル証拠が不可欠である．例えば，クラウドコンピューティング環境のクラウドサービスカスタマデータが何者かにより持ち出された形跡がある場合，クラウドサービスカスタマは懲戒処置や法的処置，対外的紛争などのために証拠の確保が必要となる．

クラウドサービスの場合，ログ情報などの関連するディジタル証拠をクラウドサービスプロバイダしか収集できない場合がある．これに対処するため，クラウドサービスカスタマが証拠を必要とする場合には，あらかじめクラウドサービスプロバイダから入手できるようにしておく必要がある．

なお，クラウドコンピューティング環境における証拠の収集には追加的なコストが発生することがあるので，負担可能な範囲であることをあらかじめ確認しておくとよい．

---

*3 “デジタル証拠の収集及び分析に関する運用指針” 制定（2014.6.24. 公正取引委員会例規第 193 号）による．

17　事業継続マネジメントにおける情報セキュリティの側面

17.1　情報セキュリティ継続

17　事業継続マネジメントにおける情報セキュリティの側面

17.1　情報セキュリティ継続

JIS Q 27002 の **17.1** に定める管理目的を適用する.

JIS Q 27002:2014

目的　情報セキュリティ継続を組織の事業継続マネジメントシステムに組み込むことが望ましい.

17.1.1　情報セキュリティ継続の計画

JIS Q 27002 の **17.1.1** に定める管理策並びに付随する実施の手引及び関連情報を適用する.

17.1.2　情報セキュリティ継続の実施

JIS Q 27002 の **17.1.2** に定める管理策並びに付随する実施の手引及び関連情報を適用する.

17.1.3　情報セキュリティ継続の検証，レビュー及び評価

JIS Q 27002 の **17.1.3** に定める管理策並びに付随する実施の手引及び関連情報を適用する.

❖解　説

17.1.1～17.1.3については，それぞれISO/IEC 27002（JIS Q 27002）と同様の対策を実施する.

17.2　冗　長　性

17.2　冗長性

JIS Q 27002 の **17.2** に定める管理目的を適用する.

JIS Q 27002:2014

目的　情報処理施設の可用性を確実にするため.

17.2.1　情報処理施設の可用性

JIS Q 27002 の **17.2.1** に定める管理策並びに付随する実施の手引及び関連情報を適用する.

JIS Q 27002:2014

管理策

情報処理施設は，可用性の要求事項を満たすのに十分な冗長性をもって，導入することが望ましい．

❖解　説

本管理策は ISO/IEC 27002 と同様の対策を実施する．

なお，“12.3.1 情報のバックアップ”の解説（108 ページを参照）でも述べたように，クラウドサービスにおいて，バックアップデータを同じクラウドサービスに保存することは，クラウドサービス自体の停止やサーバダウンによるシステム全体のデータ消失などの大規模な障害が発生した場合に，バックアップデータも消失するリスクがあることに注意が必要である．このため，ISO/IEC 27002 に従って，冗長性確保のために利用しているクラウドサービスとは異なる環境（他のクラウドサービスを含む）にバックアップデータを保存する必要がある．

18 順　　守

18.1 法的及び契約上の要求事項の順守

18 順守

18.1 法的及び契約上の要求事項の順守

JIS Q 27002 の 18.1 に定める管理目的を適用する.

JIS Q 27002:2014

目的 情報セキュリティに関連する法的，規制又は契約上の義務に対する違反，及びセキュリティ上のあらゆる要求事項に対する違反を避けるため.

18.1.1 適用法令及び契約上の要求事項の特定

JIS Q 27002 の 18.1.1 に定める管理策及び付随する実施の手引を適用する. 次のクラウドサービス固有の実施の手引も適用する.

JIS Q 27002:2014

管理策

各情報システム及び組織について，全ての関連する法令，規制及び契約上の要求事項，並びにこれらの要求事項を満たすための組織の取組みを，明確に特定し，文書化し，また，最新に保つことが望ましい.

クラウドサービスのための実施の手引

クラウドサービスカスタマ	クラウドサービスプロバイダ
クラウドサービスカスタマは，関連する法令及び規制には，クラウドサービスカスタマの法域のものに加え，クラウドサービスプロバイダの法域のものもあり得ることを考慮することが望ましい. クラウドサービスカスタマは，その事業のために必要な，関係する規制及び標準に対するクラウドサービスプロバイダの順守の証拠を要求することが望ましい. 第三者の監査人が発行する証明書を，この証拠とする場合がある.	クラウドサービスプロバイダは，クラウドサービスカスタマにクラウドサービスに適用される法域を知らせることが望ましい. クラウドサービスプロバイダは，関係する法的要求事項（例えば，PII 保護のための暗号化）を特定することが望ましい. この情報は，また，求められたときに，クラウドサービスカスタマに提供することが望ましい. クラウドサービスプロバイダは，適用法令及び契約上の要求事項について，現在の順守の証拠をクラウドサービスカスタマに提供することが望ましい.

クラウドサービスのための関連情報

クラウドサービスの提供及び利用に適用される法的及び規制の要求事項は，特に処理，保存及び通信の機能が地理的に分散し，複数の法域が関係し得る場合に，これを特定することが望ましい．

法的又は契約上のいずれであれ，順守の要求事項への対応は，クラウドサービスカスタマにその責任がある点は重要である．順守の責任は，クラウドサービスプロバイダに移転できない．

❖解　説

クラウドサービスを利用するうえで，関連する法規制が複数の国や地域にわたる可能性がある．データセンタが国外にあると，日本法人のクラウドサービスプロバイダと契約しても，国外の法規制の影響を受ける可能性がある．

クラウドサービスカスタマは国外の法規制についてクラウドサービスプロバイダに確認する必要がある．しかし，クラウドサービスプロバイダが個々のクラウドサービスカスタマの業務内容を知りうる立場ではないため，法規制の詳細をクラウドサービスプロバイダに求めることは現実的ではない．

本管理策では，クラウドサービスプロバイダに法域（国名や州名など）をクラウドサービスカスタマに通知することを求めている．クラウドサービスカスタマは通知された当該法域において，自らの事業内容に応じて順守すべき法規制（例えば，個人情報保護，金融関係，外為関係）を特定することが求められる．

また，法令順守はクラウドサービスカスタマだけではなく，クラウドサービスプロバイダにも対応を求められる場合がある．例えば，個人情報や特定個人情報（マイナンバーを含む個人情報）を扱う場合，個人情報保護法（“個人情報の保護に関する法律”）やマイナンバー法（“行政手続における特定の個人を識別するための番号の利用等に関する法律”），個人情報保護に関する各種ガイドラインの要件をクラウドサービスプロバイダが満たすことが必要となる場合がある．

このような場合，クラウドサービスカスタマはクラウドサービスプロバイダにこれらの要件の順守状況を確認し，その証拠を求める．証拠は順法状況のチェックも含んだ第三者の監査人による監査の監査報告書でもよい．

なお，クラウドサービスのための関連情報にあるように，法令などの順守の責任はクラウドサービスカスタマがもつものであり，クラウドサービスプロバイダに責任を移転することはできない．また，クラウドサービスプロバイダに個人情報を委託する場合，クラウドサービスカスタマには委託先の監督責任が発生することに留意する．

18.1.2　知的財産権

JIS Q 27002 の **18.1.2** に定める管理策並びに付随する実施の手引及び関連情報を適用する．次のクラウドサービス固有の実施の手引も適用する．

JIS Q 27002:2014

管理策

知的財産権及び権利関係のあるソフトウェア製品の利用に関連する，法令，規制及び契約上の要求事項の順守を確実にするための適切な手順を実施することが望ましい．

クラウドサービスのための実施の手引

クラウドサービスカスタマ	クラウドサービスプロバイダ
クラウドサービスに商用ライセンスのあるソフトウェアをインストールすることは，そのソフトウェアのライセンス条項への違反を引き起こす可能性がある．クラウドサービスカスタマは，クラウドサービスにライセンスソフトウェアのインストールを許可する前にクラウドサービス固有のライセンス要求事項を特定する手順をもつことが望ましい．クラウドサービスが弾力性がありスケーラブルで，ライセンス条項で認められる以上のシステム又はプロセッサコアでソフトウェアが動作する可能性がある場合について，特に注意を払うことが望ましい．	クラウドサービスプロバイダは，知的財産権の苦情に対応するためのプロセスを確立することが望ましい．

❖解　説

クラウドサービス利用において，知的財産権に留意すべきケースがいくつかある．

一つ目は，クラウドサービスプロバイダが提供するクラウドサービスのライセンスである．クラウドサービスのライセンス形態や料金体系はクラウドサービスごとに異なるため，クラウドサービスカスタマは事前にライセンス条項を確認しておく必要がある．

二つ目は，クラウドサービスカスタマがクラウドコンピューティング環境でサードパーティのソフトウェアを利用する場合である．このケースはさらに，①クラウドサービスプロバイダがマーケットプレイスなどを通じて提供するサードパーティのソフトウェアを利用する場合と，② BYOL（Bring Your Own License）と呼ばれるクラウドサービスカスタマが調達したライセンスをクラウドコンピューティング環境で利用する場合の，大きく二つのタイプに分けられる．

①の場合は，サードパーティの情報がクラウドサービスプロバイダ経由で提供されることが多く，ライセンスに関する注意事項などの情報を得ることが比較的容易である．一方，②の場合は，クラウドサービスカスタマ自身がライセンスに関する情報などを収集する必要がある．特に，物理的には一つの環境でも，仮想的に複数の環境やバックアップ環境などが存在しうるクラウドコンピューティング環境における利用を想定していないソフトウェアを使用することによって，ライセンス不足やライセンス違反を引き起こす可能性があることに留意が必要である．

18.1.3　記録の保護

JIS Q 27002 の **18.1.3** に定める管理策並びに付随する実施の手引及び関連情報を適用する．次のクラウドサービス固有の実施の手引も適用する．

JIS Q 27002:2014

管理策

記録は，法令，規制，契約及び事業上の要求事項に従って，消失，破壊，改ざん，認可されていないアクセス及び不正な流出から保護することが望ましい．

クラウドサービスのための実施の手引

クラウドサービスカスタマ	クラウドサービスプロバイダ
クラウドサービスカスタマは，クラウドサービスカスタマによるクラウドサー	クラウドサービスプロバイダは，クラウドサービスカスタマによるクラウドサ

ビスの利用に関連して，クラウドサービスプロバイダが収集し，保存する記録の保護に関する情報を，クラウドサービスプロバイダに要求することが望ましい．	ービスの利用に関連して，クラウドサービスプロバイダが収集し，保存する記録の保護に関する情報を，クラウドサービスカスタマに提供することが望ましい．

❖解　説

“16.1.7 証拠の収集”で述べたように，例えば，法規制や組織の情報セキュリティ要求事項への違反に対して，懲戒処置や法的処置，対外的紛争などのために証拠が必要な場合において，ログ情報の収集・保存などをクラウドサービスプロバイダに依存する場合がある．また，PCI DSS（Payment Card Industry Data Security Standard）などの業界基準への準拠が求められる場合などに，監査請求に基づく記録の提出が必要となることもある．

クラウドサービスプロバイダがクラウドサービスの利用や保守，運用などに関する記録を適切に保護していないと，必要な記録の提出ができないおそれがある．このため，クラウドサービスカスタマが必要とする記録について，どのような保護がなされるかという情報を要求する必要がある．

18.1.4　プライバシー及び個人を特定できる情報（PII）の保護

JIS Q 27002 の **18.1.4** に定める管理策並びに付随する実施の手引及び関連情報を適用する．

JIS Q 27002:2014

管理策

プライバシー及び PII の保護は，関連する法令及び規制が適用される場合には，その要求に従って確実にすることが望ましい．

クラウドサービスのための関連情報

ISO/IEC 27018［Code of practice for protection of personally identifiable information (PII) in public clouds acting as PII processors］は，この話題に追加の情報を提供する．

❖解　説

個人情報などのプライバシー及び個人を特定できる情報（Personally Identifiable Information：PII）をクラウドコンピューティング環境に置く場合には，クラウドサービスのための関連情報にあるように，PII を扱うクラウドサービスプロバイダのための情報セキュリティ規格である ISO/IEC 27018 が参考になる．

PII に特化した管理策も盛り込まれているため，クラウドサービスプロバイダが ISO/IEC 27018 に基づく管理を行っていることを確認することも有効である．

18.1.5　暗号化機能に対する規制

JIS Q 27002 の **18.1.5** に定める管理策及び付随する実施の手引を適用する．次のクラウドサービス固有の実施の手引も適用する．

JIS Q 27002:2014

管理策

暗号化機能は，関連する全ての協定，法令及び規制を順守して用いることが望ましい．

クラウドサービスのための実施の手引

クラウドサービスカスタマ	クラウドサービスプロバイダ
クラウドサービスカスタマは，クラウドサービスの利用に適用する暗号による管理策群が，関係する合意書，法令及び規制を順守していることを検証することが望ましい．	クラウドサービスプロバイダは，適用される合意書，法令及び規制の順守をクラウドサービスカスタマがレビューするために，実施している暗号による管理策の記載を提供することが望ましい．

❖解　説

暗号の利用は，例えば，輸出管理規制など，日本国内の法令で規制されているほかに，国外でも各国の法令による制限がある．

クラウドサービスの提供が多国間にわたる場合，クラウドサービスプロバイダが提供する暗号化機能を利用した場合に，この法令に抵触するおそれがある．このため，クラウドサービスカスタマはクラウドサービスプロバイダが提供する暗号化機能を利用する場合，当該クラウドサービスの法域における暗号に関する法令などを順守していることを検証する必要がある．

18.2 情報セキュリティのレビュー

18.2 情報セキュリティのレビュー

JIS Q 27002 の **18.2** に定める管理目的を適用する.

JIS Q 27002:2014

目的 組織の方針及び手順に従って情報セキュリティが実施され，運用されることを確実にするため.

18.2.1 情報セキュリティの独立したレビュー

JIS Q 27002 の **18.2.1** に定める管理策並びに付随する実施の手引及び関連情報を適用する．次のクラウドサービス固有の実施の手引も適用する.

JIS Q 27002:2014

管理策

情報セキュリティ及びその実施の管理（例えば，情報セキュリティのための管理目的，管理策，方針，プロセス，手順）に対する組織の取組みについて，あらかじめ定めた間隔で，又は重大な変化が生じた場合に，独立したレビューを実施することが望ましい.

クラウドサービスのための実施の手引

クラウドサービスカスタマ	クラウドサービスプロバイダ
クラウドサービスカスタマは，クラウドサービスのための情報セキュリティ管理策及び指針の実施状況がクラウドサービスプロバイダの提示どおりであることについて，文書化した証拠を要求することが望ましい．その証拠は，関係する標準への適合の証明書である場合もある.	クラウドサービスプロバイダは，クラウドサービスプロバイダが主張する情報セキュリティ管理策の実施を立証するために，クラウドサービスカスタマに文書化した証拠を提供することが望ましい. 個別のクラウドサービスカスタマの監査が現実的でない場合，又は情報セキュリティへのリスクを増加させ得る場合，クラウドサービスプロバイダは，情報セキュリティがクラウドサービスプロバイダの方針及び手順に従って実施され，運用されていることの独立した証拠を提供することが望ましい．この証拠は，契約の前に，クラウドサービスの利用が見込まれる者に利用できるようにしておくことが望ましい．クラウドサービスプロバイダが選択した独立した監査は，それが十分な透明性が確保されていることを条件として，クラウドサービスカスタマがもつクラウドサービスプロバイダの運用に対するレビューへの関心を満たすもの

	であることが一般に望ましい．独立した監査が現実的でないとき，クラウドサービスプロバイダは，自己評価を行い，クラウドサービスカスタマにそのプロセス及び結果を開示することが望ましい．

❖解　説

ISO/IEC 27017 の規格作成作業において，監査に関する追加の管理策が必要との提案もあったが，本管理策にクラウドサービスのための実施の手引として記載することとなったものである．

クラウドサービスカスタマは，クラウドサービスプロバイダが提示した情報セキュリティ対策が確実に実施されていることを前提として，クラウドコンピューティング環境での情報の取扱いに関する情報セキュリティ対策を完結できる．クラウドサービスプロバイダが提示した情報セキュリティ対策が確実に実施されていることを監査して，クラウドサービスカスタマが確認することが不可欠である．クラウドサービスカスタマの監査のためには，クラウドサービスプロバイダ向けのクラウドサービスのための実施の手引に記載されるとおり，“文書化された証拠の提出”が必要となる．

クラウドサービスプロバイダが個別にクラウドサービスカスタマの監査要求に応えることは現実的に難しい．クラウドサービスプロバイダ向けのクラウドサービスのための実施の手引には，このような場合の対応が記載されている．

このクラウドサービスのための実施の手引に記載される“クラウドサービスプロバイダが選択した独立した監査は，それが十分な透明性が確保されていることを条件として，クラウドサービスカスタマがもつクラウドサービスプロバイダの運用に対するレビューへの関心を満たすものであることが一般に望ましい”とは，クラウドサービスプロバイダに信頼性の高い監査を行い，その結果を開示することを要求していると解釈できる．

クラウドサービスカスタマは，クラウドサービスカスタマにとって偏りのない立場でクラウドサービスプロバイダの実施した監査が行われ，十分な質と量の証拠に基づいて，結論が合理的に導かれていることを確認することが必要である．

18.2.2　情報セキュリティのための方針群及び標準の順守

JIS Q 27002 の **18.2.2** に定める管理策並びに付随する実施の手引及び関連情報を適用する．

18.2.3　技術的順守のレビュー

JIS Q 27002 の **18.2.3** に定める管理策並びに付随する実施の手引及び関連情報を適用する．

❖解　説

18.2.2，18.2.3 については，それぞれ ISO/IEC 27002（JIS Q 27002）と同様の対策を実施する．

第4章　クラウドサービスプロバイダのための ISO/IEC 27017の解説

本章は，ISO/IEC 27017の規格本文（箇条5～箇条18）及び附属書Aの解説にあたって，次の二つの点に対して，“クラウドサービスプロバイダ”の視点から解説を行う．

①　ISO/IEC 27002に記載される関係する管理策への追加の実施の手引

②　クラウドサービスに対して，特に関係する管理策への追加の管理策及びその実施の手引，必要に応じてクラウドサービスのための関連情報

(1)　規格の引用

ISO/IEC 27017は，ISO/IEC 27002をベースにクラウドサービス固有の管理策及び実施の手引を追加して作成された規格である．

本章では，規格解説の理解を促すため，クラウドサービス固有の解説を行う箇条は，ISO/IEC 27017（JIS Q 27017）を逐条的に全文を引用して，□で囲み，さらに，ISO/IEC 27002（JIS Q 27002）からは，対応する“目的”と“管理策”を引用して，⬚で囲んでいる．

本章は，ISO/IEC 27017（JIS Q 27017）にISO/IEC 27002（JIS Q 27002）を埋め込む二重の構造をとっており，ISO/IEC 27017やISO/IEC 27002の構成と異なることに留意されたい．

なお，ISO/IEC 27002の日本語訳でもあるJIS Q 27002:2014には，規格の一部に訂正があり，官報を通じて正誤票が公表されている．本書では，引用している同規格の細目箇条“8.1.1 資産目録”の管理策に対して，その訂正を反映している．

(2)　箇条の構成

ISO/IEC 27017では，附属書Aに“クラウドサービス拡張管理策集”として，クラウドサービス固有の“管理目的及び管理策，実施の手引，関連情報”が追加してまとめられている．この附属書Aは規定（normative）であるので，規格本文と同様の対応が必要となる．

本書では，ISO/IEC 27017の構成に準じて規格本文と附属書Aとを分けて解説するのではなく，それぞれの拡張管理策（附属書Aの追加の管理策）を該当する規格本文に挿入して，箇条ごとの意図が把握できるように解説している．ここでも，ISO/IEC 27017の構成と異なることに留意されたい．なお，細目箇条の冒頭に“CLD.”と付されているものが拡張管理策にあたる．

(3)　用語の定義

第2章では，ISO/IEC 27017で定義されている四つの用語に加えて，ISO/IEC 27017を理解するために必要なISO/IEC 17788（JIS X 9401），ISO/IEC 17789で定義されている用語について詳述している．本章の規格解説で記される用語の定義や意味については，第2章を参照されたい．

ISO/IEC 27000（JIS Q 27000）で定義される用語については，『ISO/IEC 27001:2013（JIS Q 27001:2014）情報セキュリティマネジメントシステム―要求事項の解説』（日本規格協会，2014）に詳述されているので，同書を参照されたい．

(4)　ISO/IEC 27002の解説

本章では，ISO/IEC 27002の管理策（管理目的及び管理策，実施の手引，関連情報）については“ISO/IEC 27002（JIS Q 27002）と同様の対策を実施する”という記述にとどめている．

同規格の解説は，『ISO/IEC 27002:2013（JIS Q 27002:2014）情報セキュリティ管理策の実践のための規範―解説と活用ガイド』（日本規格協会，2015）に詳述されているので，同書を参照されたい．

5　情報セキュリティのための方針群

5.1　情報セキュリティのための経営陣の方向性

5　情報セキュリティのための方針群

5.1　情報セキュリティのための経営陣の方向性

JIS Q 27002 の **5.1** に定める管理目的を適用する．

JIS Q 27002:2014

目的　情報セキュリティのための経営陣の方向性及び支持を，事業上の要求事項並びに関連する法令及び規制に従って提示するため．

5.1.1　情報セキュリティのための方針群

JIS Q 27002 の **5.1.1** に定める管理策並びに付随する実施の手引及び関連情報を適用する．次のクラウドサービス固有の実施の手引も適用する．

JIS Q 27002:2014

管理策

情報セキュリティのための方針群は，これを定義し，管理層が承認し，発行し，従業員及び関連する外部関係者に通知することが望ましい．

注記　管理層には，経営陣及び管理者が含まれる．ただし，実務管理者（administrator）は除かれる．

クラウドサービスのための実施の手引

クラウドサービスカスタマ	クラウドサービスプロバイダ
クラウドコンピューティングのための情報セキュリティ方針を，クラウドサービスカスタマのトピック固有の方針として定義することが望ましい．クラウドサービスカスタマのクラウドコンピューティングのための情報セキュリティ方針は，組織の情報及びその他の資産に対する情報セキュリティリスクの受容可能なレベルと矛盾しないものとすることが望ましい． クラウドコンピューティングのための情報セキュリティ方針を定義する際には，クラウドサービスカスタマは，次の事項を考慮することが望ましい． —クラウドコンピューティング環境に保存する情報は，クラウドサービスプロ	クラウドサービスプロバイダは，クラウドサービスの提供及び利用に取り組むため，次の事項を考慮し，情報セキュリティ方針を拡充することが望ましい． —クラウドサービスの設計及び実装に適用する，最低限の情報セキュリティ要求事項 —認可された内部関係者からのリスク —マルチテナンシ及びクラウドサービスカスタマの隔離（仮想化を含む．） —クラウドサービスプロバイダの担当職員による，クラウドサービスカスタマの資産へのアクセス —アクセス制御手順（例えば，クラウドサービスへの管理上のアクセスのための強い認証）

バイダによるアクセス及び管理の対象となる可能性がある． —資産（例えば，アプリケーションプログラム）は，クラウドコンピューティング環境の中に保持される可能性がある． —処理は，マルチテナントの仮想化されたクラウドサービス上で実行される可能性がある． —クラウドサービスユーザ，及びクラウドサービスユーザがクラウドサービスを利用する状況 —クラウドサービスカスタマの，特権的アクセスをもつクラウドサービス実務管理者 —クラウドサービスプロバイダの組織の地理的所在地，及びクラウドサービスプロバイダが（たとえ，一時的にでも）クラウドサービスカスタマデータを保存する可能性のある国	—変更管理におけるクラウドサービスカスタマへの通知 —仮想化セキュリティ —クラウドサービスカスタマデータへのアクセス及び保護 —クラウドサービスカスタマのアカウントのライフサイクル管理 —違反の通知，並びに調査及びフォレンジック（forensics）を支援するための情報共有指針

クラウドサービスのための関連情報

クラウドサービスカスタマのクラウドコンピューティングのための情報セキュリティ方針は，**JIS Q 27002** の **5.1.1** に定めるトピック固有の方針の一つである．組織の情報セキュリティ方針は，その組織の情報及びビジネスプロセスを扱う．組織がクラウドサービスを利用する際には，クラウドサービスカスタマとして，クラウドコンピューティングのための方針をもつことができる．組織の情報は，クラウドコンピューティング環境に保存及び維持することができ，ビジネスプロセスは，クラウドコンピューティング環境にて運用することができる．一般的な情報セキュリティ要求事項を最上位の情報セキュリティ方針に定め，続いて，クラウドコンピューティングのための方針を定める．

これとは対照的に，クラウドサービスを提供するための情報セキュリティ方針は，クラウドサービスカスタマの情報及びビジネスプロセスを扱うが，クラウドサービスプロバイダの情報及びビジネスプロセスは扱わない．クラウドサービスの提供のための情報セキュリティ要求事項は，クラウドサービスの利用が見込まれる者の情報セキュリティ要求事項を満たすことが望ましい．その結果，クラウドサービスの提供のための情報セキュリティ要求事項は，クラウドサービスプロバイダの情報及びビジネスプロセスの情報セキュリティ要求事項と不整合が生じる可能性がある．情報セキュリティ方針の適用範囲は，組織構造又は組織の物理的場所で定義するだけでなく，サービスの観点から定義できることも多い．

クラウドコンピューティングにおける仮想化セキュリティには，仮想インスタンスのライフサイクル管理，仮想イメージの保存及びアクセス制御，休止状態又はオフラインの仮想インスタンスの扱い，スナップショット，ハイパーバイザの保護，並びにセルフサービスポータルの利用を管理する情報セキュリティ管理策を含む，幾つかの側面がある．

❖解　説

クラウドサービスは，クラウドサービスカスタマの資産の重要部分を預かるサービスであるため，その情報セキュリティ対策をクラウドサービスプロバイダの情報セキュリティ対策に大きく依存している．また，クラウドサービスカスタマの情報セキュリティ対策を確実にするために，クラウドサービスプロバイダが情報や機能の提供を通じて，支援することが必要となる．この点を考慮し，クラウドサービスプロバイダは，ISO/IEC 27002 の“5.1.1 情報セキュリティのための方針群”の実施の手引に加えて，情報セキュリティ方針群を定義することが求められる．

情報セキュリティ方針群の中には，自身の情報セキュリティをどのように行うかに加えて，クラウドサービスカスタマへの通知の内容や情報共有方針など，クラウドサービスプロバイダが提供する情報の内容や通知の方法などを規定する情報開示方針が含まれる．

情報セキュリティ方針群の定義のため，実施の手引で示されるクラウドサービス固有のリスクへの対処項目に加えて，“6.1.1 情報セキュリティの役割及び責任”及び“CLD.6.3.1 クラウドコンピューティング環境における役割及び責任の共有及び分担”を参考に，クラウドサービスカスタマの情報セキュリティ要求事項を補完する内容を検討する必要がある．

一方で，クラウドサービスにおいては，特にマルチテナントの場合に顕著であるが，個々のクラウドサービスカスタマの要求する情報セキュリティ要求事項すべてに対応することは，ビジネスの観点から現実的な選択ではない．クラウドサービスを提供するための情報セキュリティ方針は，クラウドサービスにおいて想定される顧客像，IaaS，PaaS，SaaS といったクラウドサービスの種類やサービスレベルなどを考慮し，ビジネス上の判断も踏まえて定めるべきである.

また，本管理策において定義された情報セキュリティ方針群に基づいて，クラウドサービスカスタマとの合意事項を定義し，必要な機能や情報の提供を行う必要がある．ただし，情報セキュリティ方針群すべてをクラウドサービスカスタマに通知することが求められているわけではなく，可能な範囲で通知すればよい.

> **5.1.2　情報セキュリティのための方針群のレビュー**
> **JIS Q 27002** の **5.1.2** に定める管理策及び付随する実施の手引を適用する.

❖解　説

5.1.2については，ISO/IEC 27002（JIS Q 27002）と同様の対策を実施する.

6　情報セキュリティのための組織

6.1　内 部 組 織

6　情報セキュリティのための組織

6.1　内部組織

JIS Q 27002 の **6.1** に定める管理目的を適用する．

JIS Q 27002:2014

目的　組織内で情報セキュリティの実施及び運用に着手し，これを統制するための管理上の枠組みを確立するため．

6.1.1　情報セキュリティの役割及び責任

JIS Q 27002 の **6.1.1** に定める管理策並びに付随する実施の手引及び関連情報を適用する．次のクラウドサービス固有の実施の手引も適用する．

JIS Q 27002:2014

管理策

全ての情報セキュリティの責任を定め，割り当てることが望ましい．

クラウドサービスのための実施の手引

クラウドサービスカスタマ	クラウドサービスプロバイダ
クラウドサービスカスタマは，クラウドサービスプロバイダと，情報セキュリティの役割及び責任の適切な割当てについて合意し，割り当てられた役割及び責任を遂行できることを確認することが望ましい．両当事者の情報セキュリティの役割及び責任は，合意書に記載することが望ましい． クラウドサービスカスタマは，クラウドサービスプロバイダの顧客支援・顧客対応機能との関係を特定し，管理することが望ましい．	クラウドサービスプロバイダは，そのクラウドサービスカスタマ，クラウドサービスプロバイダ及び供給者と，情報セキュリティの役割及び責任の適切な割当てについて合意し，文書化することが望ましい．

クラウドサービスのための関連情報

責任の割当てを当事者内及び当事者間で決定しても，なお，クラウドサービスカスタマは，サービスを利用するという決定に責任を負う．その決定は，クラウドサービスカスタマの組織内で定められた役割及び責任に従って行うことが望ましい．クラウドサービスプロバイダは，クラウドサービスの合意書の一部として定める情報セキュリティに対して責任を負う．情報セキュリティの実装及び提供は，クラウドサービスプロバイダの組織内で定められた役割及び責任に従って行うことが望ましい.

特に第三者に対応する際に，データの管理責任，アクセス制御，基盤の保守のような事項の，役割並びに責任の定義及び割当てが曖昧なことによって，事業上の又は法的な紛争が起こる可能性がある.

クラウドサービスの利用中に生成又は変更される，クラウドサービスプロバイダのシステム上のデータ及びファイルは，サービスのセキュリティを保った運用，回復及び継続にとって極めて重要であり得る．全ての資産の管理責任，並びにバックアップ及び回復の運用のような，これらの資産に関連する運用に責任をもつ当事者を，定義し，文書化することが望ましい．そうでなければ，クラウドサービスプロバイダは，クラウドサービスカスタマが当然これらの不可欠の業務を実施すると想定し，又はクラウドサービスカスタマは，クラウドサービスプロバイダが当然これらの不可欠な業務を実施すると想定することによって，データの消失が発生するリスクがある.

❖解　説

クラウドサービスにおいては，クラウドサービスプロバイダとクラウドサービスカスタマの双方の組織が一つのシステム環境で情報処理を行っている．このため，クラウドサービスの提供にあたり，クラウドサービスカスタマにどの範囲までの役割及び責任を求めるかを明確にすることが情報セキュリティ対策の基礎となる．このため，クラウドサービスカスタマの情報セキュリティの役割及び責任の範囲を合意書で明確にする必要がある．なお，クラウドサービスのための実施の手引にある“合意書”は，利用規約などのサービス約款，SLAなどの利用規約に付随する契約文書やセキュリティホワイトペーパー，クラウドサービスの技術仕様が記載された文書を含む.

クラウドサービスカスタマの情報セキュリティの役割及び責任の範囲は，クラウドサービスの提供に関するクラウドサービスカスタマとの契約構造や役割及び責任の重大さによって変わる．契約上の役割及び責任を割り当てることや，クラウドサービスの機能としてクラウドサービスカスタマに提供することなど，すべての事項を一つの文書に記載することは，クラウドサービスの仕様変更時の対応などの管理上の問題があり，現実的ではない．頻繁な更新が想定される内容については，利用規約などの契約文書ではなく，セキュリティホワイトペーパーやクラウドサービスの技術仕様をウェブサイトで情報提供するといった手段をとることができる．どの手段をとった場合でも，内容の維持管理は適時実施する必要がある．

また，クラウドサービスプロバイダが他のクラウドサービスを利用している場合には，同様にそのクラウドサービスプロバイダと役割及び責任の割当てを合意する必要がある．

クラウドサービスプロバイダと供給者との間の役割及び責任については，“15 供給者関係”にあるクラウドサービスのための実施の手引も参照するとよい．

6.1.2　職務の分離

JIS Q 27002 の **6.1.2** に定める管理策並びに付随する実施の手引及び関連情報を適用する．

❖解　説

6.1.2 については，ISO/IEC 27002（JIS Q 27002）と同様の対策を実施する．

6.1.3　関係当局との連絡

JIS Q 27002 の **6.1.3** に定める管理策並びに付随する実施の手引及び関連情報を適用する．次のクラウドサービス固有の実施の手引も適用する．

JIS Q 27002:2014

管理策

関係当局との適切な連絡体制を維持することが望ましい．

クラウドサービスのための実施の手引

クラウドサービスカスタマ	クラウドサービスプロバイダ
クラウドサービスカスタマは，クラウドサービスカスタマ及びクラウドサービスプロバイダが併せて行う操作に関連する関係当局を特定することが望ましい．	クラウドサービスプロバイダは，クラウドサービスカスタマに，クラウドサービスプロバイダの組織の地理的所在地，及びクラウドサービスプロバイダが，クラウドサービスカスタマデータを保存する可能性のある国を通知することが望ましい．

クラウドサービスのための関連情報

クラウドサービスカスタマデータを保存，処理又は伝送する可能性のある地理的位置の情報は，クラウドサービスカスタマが，監督官庁及び法域を決定することに役立つ．

❖解　説

グローバルに展開しているクラウドサービスでは，国や地域をまたいで資源を共有するケースが少なくない．このため，国外のデータセンタ上にクラウドサービスカスタマデータが保存される可能性がある．クラウドサービスカスタマの情報セキュリティマネジメントのためには，クラウドサービスプロバイダがクラウドサービスカスタマデータを保存又は処理，伝送する可能性のある地理的位置の情報を通知する必要がある．このことで，クラウドサービスカスタマがクラウドサービス上で扱う情報やビジネスプロセスに対する監督官庁及び法域を精査することに役立つ．

情報の通知方法には，クラウドサービスカスタマ向けの文書やウェブサイトなどがある．

6.1.4　専門組織との連絡

JIS Q 27002 の **6.1.4** に定める管理策並びに付随する実施の手引及び関連情報を適用する．

6.1.5　プロジェクトマネジメントにおける情報セキュリティ

JIS Q 27002 の **6.1.5** に定める管理策及び付随する実施の手引を適用する．

❖解　説

6.1.4，6.1.5については，それぞれISO/IEC 27002（JIS Q 27002）と同様の対策を実施する．

6.2　モバイル機器及びテレワーキング

6.2　モバイル機器及びテレワーキング

JIS Q 27002 の **6.2** に定める管理目的を適用する．

JIS Q 27002:2014

目的　モバイル機器の利用及びテレワーキングに関するセキュリティを確実にするため．

6.2.1　モバイル機器の方針

JIS Q 27002 の **6.2.1** に定める管理策並びに付随する実施の手引及び関連情報を適用する．

6.2.2　テレワーキング

JIS Q 27002 の **6.2.2** に定める管理策並びに付随する実施の手引及び関連情報を適用する．

❖解　説

6.2.1，6.2.2 については，それぞれ ISO/IEC 27002（JIS Q 27002）と同様の対策を実施する．

CLD.6.3　クラウドサービスカスタマとクラウドサービスプロバイダとの関係

CLD.6.3　クラウドサービスカスタマとクラウドサービスプロバイダとの関係

目的　情報セキュリティマネジメントに関してクラウドサービスカスタマとクラウドサービスプロバイダとの間で共有し分担する役割及び責任について，両者間の関係を明確にするため．

❖解　説

クラウドサービスの提供及び利用に関する情報セキュリティマネジメントにおける重要な考え方が本管理策に示されている．

本書の第１章でも述べたように，クラウドサービスにおいては資源の利用者と所有者が異なる．例えば，クラウドサービスプロバイダの所有する物理マシン上に構成されたクラウドサービスに，クラウドサービスカスタマの所有する資産が保存される．クラウドサービスカスタマが保存した資産を保護するためには，クラウドサービスプロバイダが適切な情報セキュリティ対策を実施し，それをクラウドサービスカスタマが確認できるようにする必要がある．

また，クラウドサービスカスタマが情報セキュリティ対策を実施するために，クラウドサービスにおいてそれを支援する機能が備わっている必要がある．

一方，クラウドサービスプロバイダがクラウドサービスのセキュリティを保つためには，クラウドサービスの利用に一定のルールを設ける必要がある．

これらの双方の情報セキュリティマネジメントを成立させるために，それぞれに必要な情報セキュリティに関する役割及び責任を定義する必要がある．

CLD.6.3.1　クラウドコンピューティング環境における役割及び責任の共有及び分担

管理策

クラウドサービスの利用に関して共有し分担する情報セキュリティの役割を遂行する責任は，クラウドサービスカスタマ及びクラウドサービスプロバイダのそれぞれにおいて特定の関係者に割り当て，文書化し，伝達し，実施することが望ましい．

クラウドサービスのための実施の手引

クラウドサービスカスタマ	クラウドサービスプロバイダ
クラウドサービスカスタマは，クラウドサービスの利用に合わせて方針及び手順を定義又は追加し，クラウドサービスユーザにクラウドサービスの利用における自らの役割及び責任を意識させることが望ましい．	クラウドサービスプロバイダは，自らの情報セキュリティの能力，役割及び責任を文書化し伝達することが望ましい．さらに，クラウドサービスプロバイダは，クラウドサービスの利用の一部としてクラウドサービスカスタマが実施及び管理することが必要となる情報セキュリティの役割及び責任を，文書化し伝達することが望ましい．

クラウドサービスのための関連情報

クラウドコンピューティングでは，役割及び責任は，典型的にはクラウドサービスカスタマの従業員とクラウドサービスプロバイダの従業員とに分けられる．役割及び責任の割当てにおいては，クラウドサービスプロバイダが管理者となるクラウドサービスカスタマデータ及びアプリケーションを考慮することが望ましい．

❖解　説

クラウドサービスプロバイダはクラウドサービスカスタマとの役割及び責任の割当てについて文書化し，伝達することが必要である．

クラウドサービスプロバイダはクラウドサービスプロバイダの情報セキュリ

ティの能力，役割及び責任をこの文書に記載する．“能力”の原文は“capabilities”であるが，ここでは“機能”と解釈したほうがわかりやすい．クラウドサービスカスタマの情報セキュリティ対策への支援機能を文書で明確にすることが求められる．

クラウドサービスプロバイダの情報セキュリティの能力（capabilities）や役割及び責任は，IaaS，PaaS，SaaS といったクラウドサービスの種類によって異なる．一般的には，IaaS の場合はクラウドサービスプロバイダの責任範囲は仮想マシンの提供までであり，作成した仮想マシンの運用管理及び仮想マシンに保存されたクラウドサービスカスタマデータの管理責任はクラウドサービスカスタマにある．

一方で，SaaS の場合は，クラウドサービスで提供されるアプリケーション及びクラウドサービスカスタマデータの保護はクラウドサービスプロバイダの責任であるが，クラウドサービスカスタマデータの所有権はクラウドサービスカスタマのままである．箇条 7 以降に具体的な役割及び責任についての記載がある．

7　人的資源のセキュリティ

7.1　雇　用　前

7　人的資源のセキュリティ

7.1　雇用前

JIS Q 27002 の **7.1** に定める管理目的を適用する.

JIS Q 27002:2014

目的　従業員及び契約相手がその責任を理解し，求められている役割にふさわしいことを確実にするため.

7.1.1　選考

JIS Q 27002 の **7.1.1** に定める管理策及び付随する実施の手引を適用する.

7.1.2　雇用条件

JIS Q 27002 の **7.1.2** に定める管理策並びに付随する実施の手引及び関連情報を適用する.

❖解　説

7.1.1，7.1.2 については，それぞれ ISO/IEC 27002（JIS Q 27002）と同様の対策を実施する.

7.2　雇 用 期 間 中

7.2　雇用期間中

JIS Q 27002 の **7.2** に定める管理目的を適用する.

JIS Q 27002:2014

目的　従業員及び契約相手が，情報セキュリティの責任を認識し，かつ，その責任を遂行することを確実にするため.

7.2.1　経営陣の責任

JIS Q 27002 の **7.2.1** に定める管理策並びに付随する実施の手引及び関連情報を適用する.

❖解　説

7.2.1 については，ISO/IEC 27002（JIS Q 27002）と同様の対策を実施する.

7.2.2　情報セキュリティの意識向上，教育及び訓練

JIS Q 27002 の **7.2.2** に定める管理策並びに付随する実施の手引及び関連情報を適用する．次のクラウドサービス固有の実施の手引も適用する．

JIS Q 27002:2014

管理策

組織の全ての従業員，及び関係する場合には契約相手は，職務に関連する組織の方針及び手順についての，適切な，意識向上のための教育及び訓練を受け，また，定めに従ってその更新を受けることが望ましい．

クラウドサービスのための実施の手引

クラウドサービスカスタマ	クラウドサービスプロバイダ
クラウドサービスカスタマは，関連する従業員及び契約相手を含む，クラウドサービスビジネスマネージャ，クラウドサービス実務管理者，クラウドサービスインテグレータ及びクラウドサービスユーザのための，意識向上，教育及び訓練のプログラムに，次の事項を追加することが望ましい． —クラウドサービスの利用のための標準及び手順 —クラウドサービスに関連する情報セキュリティリスク，及びそれらのリスクをどのように管理するか —クラウドサービスの利用に伴うシステム及びネットワーク環境のリスク —適用法令及び規制上の考慮事項 クラウドサービスに関する情報セキュリティの意識向上，教育及び訓練のプログラムは，経営陣及び監督責任者（事業単位の経営陣及び監督責任者を含む．）に提供することが望ましい．このことは，情報セキュリティ活動の有効な協調を支援する．	クラウドサービスプロバイダは，クラウドサービスカスタマデータ及びクラウドサービス派生データを適切に取り扱うために，従業員に，意識向上，教育及び訓練を提供し，契約相手に同様のことを実施するよう要求することが望ましい．これらのデータには，クラウドサービスカスタマの機密情報，又はクラウドサービスプロバイダによるアクセス及び利用について，規制による制限を含む，特定の制限が課されたデータを含む可能性がある．

❖解　説

クラウドサービスの提供のための情報セキュリティ対策には，クラウドサービスカスタマへの機能や情報提供という，クラウドサービスプロバイダ自身の情報セキュリティ対策には含まれないものがある．また，クラウドサービスカスタマデータを預託された情報として適切に取り扱う必要もある．

なお，“クラウドサービス派生データ”はクラウドサービスの利用に関連して生成されたデータであり，例えば，クラウドサービスにおいてクラウドサービスカスタマが作成した資産をグルーピングしたりタグ付けしたりするためのグループやタグ，クラウドサービスへのログイン履歴，作業ログなどが含まれる［定義の詳細は第2章の3.1節(5)，51ページを参照］．

クラウドサービス派生データはクラウドサービスカスタマデータではないが，上述のように，クラウドサービスカスタマの情報セキュリティマネジメントのためには必要不可欠なものも含まれているためのクラウドサービスプロバイダはその管理についての意識向上を図るために，従業員への啓発活動や教育及び訓練を実施する必要がある．また，供給者を含む契約相手にも同様のことを実施するよう要求することが求められている．

7.2.3　懲戒手続

JIS Q 27002 の **7.2.3** に定める管理策並びに付随する実施の手引及び関連情報を適用する．

❖解　説

7.2.3については，ISO/IEC 27002（JIS Q 27002）と同様の対策を実施する．

7.3　雇用の終了及び変更

7.3　雇用の終了及び変更

JIS Q 27002 の **7.3** に定める管理目的を適用する．

JIS Q 27002:2014

目的　雇用の終了又は変更のプロセスの一部として，組織の利益を保護するため．

7.3.1　雇用の終了又は変更に関する責任

JIS Q 27002 の **7.3.1** に定める管理策並びに付随する実施の手引及び関連情報を適用する．

❖解　説

7.3.1については，ISO/IEC 27002（JIS Q 27002）と同様の対策を実施する.

8 資産の管理

8.1 資産に対する責任

8　資産の管理

8.1　資産に対する責任

JIS Q 27002 の **8.1** に定める管理目的を適用する．

JIS Q 27002:2014

目的　組織の資産を特定し，適切な保護の責任を定めるため．

8.1.1　資産目録

JIS Q 27002 の **8.1.1** に定める管理策並びに付随する実施の手引及び関連情報を適用する．次のクラウドサービス固有の実施の手引も適用する．

JIS Q 27002:2014

管理策

情報，情報に関連するその他の資産及び情報処理施設を特定することが望ましい．[*1] また，これらの資産の目録を，作成し，維持することが望ましい．

クラウドサービスのための実施の手引

クラウドサービスカスタマ	クラウドサービスプロバイダ
クラウドサービスカスタマの資産目録には，クラウドコンピューティング環境に保存される情報及び関連資産も記載することが望ましい．目録の記録では，例えば，クラウドサービスの特定など，資産を保持している場所を示すことが望ましい．	クラウドサービスプロバイダの資産目録では，次のデータを明確に識別することが望ましい． ―クラウドサービスカスタマデータ ―クラウドサービス派生データ

クラウドサービスのための関連情報

クラウドサービス派生データをクラウドサービスカスタマデータに付加することで，情報管理のための機能を提供するようなクラウドサービスがある．そのようなクラウドサービス派生データを資産として特定し，これを資産目録に保持することは情報セキュリティの向上になり得る．

[*1] ISO/IEC 27002:2013に対して，2014年9月15日に正誤票が公表されている．同様の修正がJIS Q 27002:2014に対する正誤票として2014年11月1日に公表されている．8.1.1の管理策の記載は，この正誤票を反映したものである．

❖解　説

クラウドサービスプロバイダは，クラウドサービスの提供にあたって，クラウドサービスプロバイダの物理マシンに，クラウドサービスカスタマが保存したクラウドサービスカスタマデータ及び関連するクラウドサービス派生データを保持する．ただし，クラウドサービスの種類によって資産に対する責任が異なる．例えばIaaSでは，クラウドサービスカスタマデータをクラウドサービスカスタマ自身で管理することが自然な利用である．

したがって，クラウドサービスプロバイダは，資産に対する保護の責任を明確にするために，ISO/IEC 27002に基づくクラウドサービスプロバイダの資産目録の作成に加えて，クラウドサービスカスタマのデータ及び関連するクラウドサービス派生データを識別し，"8.1.2 資産の管理責任"に基づいて資産の管理責任を定めることが必要である．

8.1.2　資産の管理責任

JIS Q 27002 の **8.1.2** に定める管理策並びに付随する実施の手引及び関連情報を適用する．

JIS Q 27002:2014

管理策

目録の中で維持される資産は，管理されることが望ましい．

クラウドサービスのための関連情報

資産の管理責任は，利用しているクラウドサービスの分類によって異なる場合がある．PaaS又はIaaSを利用している場合，アプリケーションソフトウェアはクラウドサービスカスタマに属することになる．一方でSaaSの場合，アプリケーションソフトウェアはクラウドサービスプロバイダに属することになる．

❖解　説

クラウドサービスのための関連情報において，クラウドサービスの種類による大まかな資産の管理責任の分類が記載されているが，クラウドサービスプロバイダはクラウドサービスの内容に即して資産の管理責任を定義することが重要である．

8.1.3　資産利用の許容範囲

JIS Q 27002 の **8.1.3** に定める管理策及び付随する実施の手引を適用する.

8.1.4　資産の返却

JIS Q 27002 の **8.1.4** に定める管理策及び付随する実施の手引を適用する.

❖解　説

8.1.3, 8.1.4については, それぞれISO/IEC 27002 (JIS Q 27002) と同様の対策を実施する.

CLD.8.1.5　クラウドサービスカスタマの資産の除去

管理策

クラウドサービスプロバイダの施設にあるクラウドサービスカスタマの資産は, クラウドサービスの合意の終了時に, 時機を失せずに除去されるか又は必要な場合には返却されることが望ましい.

クラウドサービスのための実施の手引

クラウドサービスカスタマ	クラウドサービスプロバイダ
クラウドサービスカスタマは, その資産の返却及び除去, 並びにこれらの資産の全ての複製のクラウドサービスプロバイダのシステムからの削除の記述を含む, サービスプロセスの終了に関する文書化した説明を要求することが望ましい. この説明では, 全ての資産を一覧にし, サービス終了が時機を失することなく行われるよう, サービス終了のスケジュールを文書化することが望ましい.	クラウドサービスプロバイダは, クラウドサービス利用のための合意の終了時における, クラウドサービスカスタマの全ての資産の返却及び除去の取決めについて, 情報を提供することが望ましい. 資産の返却及び除去についての取決めは, 合意文書の中に記載し, 時機を失せずに実施することが望ましい. その取決めでは, 返却及び除去する資産を特定することが望ましい.

❖解　説

クラウドサービスカスタマは管理インタフェース (“管理ポータル”“コントロールパネル”などと称するウェブアクセスのGUIやAPI) を通じて, クラウドサービスにおけるクラウドサービスカスタマの環境を操作し, クラウドサービスカスタマの資産を管理する. クラウドサービスカスタマはクラウドサービスの管理インタフェースからクラウドサービスカスタマの資産の除去操作を行うことができるが，クラウドサービスカスタマは実際にクラウドサービスカスタマデータの除去が完了していることを確実にすることはできない．クラウドサービスによっては，クラウドサービスカスタマの資産へのアクセス権を剥奪し，別のタイミングで除去を実施している場合があるためである．

加えて，クラウドサービスを構成する物理機器・デバイスがクラウドサービスプロバイダの所有するものである場合，物理機器・デバイスの返却やクラウドサービスカスタマによる破壊を実現することは難しい．クラウドサービスカスタマの資産の返却などが現実的でない場合，クラウドサービスプロバイダはクラウドサービスカスタマの資産の除去に関する取決めを利用規約などの合意書に記載して資産の除去を確実にすることが必要である．

なお，プライベートクラウドの場合には，クラウドサービスカスタマがクラウドサービスを専有していることがあり，その際には資産の返却や破壊が可能な場合がある．

8.2　情 報 分 類

8.2　情報分類

JIS Q 27002 の **8.2** に定める管理目的を適用する．

JIS Q 27002:2014

目的　組織に対する情報の重要性に応じて，情報の適切なレベルでの保護を確実にするため．

8.2.1　情報の分類

JIS Q 27002 の **8.2.1** に定める管理策並びに付随する実施の手引及び関連情報を適用する．

❖解　説

8.2.1については，ISO/IEC 27002（JIS Q 27002）と同様の対策を実施する．

8.2.2　情報のラベル付け

JIS Q 27002 の **8.2.2** に定める管理策並びに付随する実施の手引及び関連情報を適用する．次のクラウドサービス固有の実施の手引も適用する．

JIS Q 27002:2014

管理策

情報のラベル付けに関する適切な一連の手順は，組織が採用した情報分類体系に従って策定し，実施することが望ましい．

クラウドサービスのための実施の手引

クラウドサービスカスタマ	クラウドサービスプロバイダ
クラウドサービスカスタマは，採用したラベル付けの手順に従って，クラウドコンピューティング環境に保持する情報及び関連資産にラベル付けをすることが望ましい．適用可能な場合には，クラウドサービスプロバイダが提供する，ラベル付けを支援する機能が採用できる．	クラウドサービスプロバイダは，クラウドサービスカスタマが情報及び関連資産を分類し，ラベル付けするためのサービス機能を文書化し，開示することが望ましい．

❖解　説

クラウドサービスでは，クラウドサービスカスタマが選択した任意のツールなどを用いてクラウドサービス上のクラウドサービスカスタマの資産を管理することは容易ではない．したがって，クラウドサービスカスタマが情報及び関連資産を分類し，ラベル付けをするための機能をクラウドサービスの機能の一つとして提供することが求められる．

その機能の例としては，クラウドサービスカスタマがクラウドサービスにおいて作成した資産のグループ化やタグ付けの機能を管理インタフェースを通じて提供することがあげられる．

また，クラウドサービスカスタマがクラウドサービスの機能に依存せずに，ラベル付けをすることができるように，管理インタフェースから個々の資産を識別できる ID などの情報を取得できるようにすることも一つの方法である．

8.2.3　資産の取扱い

JIS Q 27002 の **8.2.3** に定める管理策及び付随する実施の手引を適用する.

❖解　説

8.2.3については，ISO/IEC 27002（JIS Q 27002）と同様の対策を実施する.

8.3　媒体の取扱い

8.3　媒体の取扱い

JIS Q 27002 の **8.3** に定める管理目的を適用する.

JIS Q 27002:2014

目的　媒体に保存された情報の認可されていない開示，変更，除去又は破壊を防止するため.

8.3.1　取外し可能な媒体の管理

JIS Q 27002 の **8.3.1** に定める管理策及び付随する実施の手引を適用する.

8.3.2　媒体の処分

JIS Q 27002 の **8.3.2** に定める管理策並びに付随する実施の手引及び関連情報を適用する.

8.3.3　物理的媒体の輸送

JIS Q 27002 の **8.3.3** に定める管理策並びに付随する実施の手引及び関連情報を適用する.

❖解　説

8.3.1～8.3.3については，それぞれISO/IEC 27002（JIS Q 27002）と同様の対策を実施する.

9　アクセス制御

9.1　アクセス制御に対する業務上の要求事項

9　アクセス制御

9.1　アクセス制御に対する業務上の要求事項

JIS Q 27002 の **9.1** に定める管理目的を適用する．

JIS Q 27002:2014

目的　情報及び情報処理施設へのアクセスを制限するため．

9.1.1　アクセス制御方針

JIS Q 27002 の **9.1.1** に定める管理策並びに付随する実施の手引及び関連情報を適用する．

❖解　説

9.1.1については，ISO/IEC 27002（JIS Q 27002）と同様の対策を実施する．

9.1.2　ネットワーク及びネットワークサービスへのアクセス

JIS Q 27002 の **9.1.2** に定める管理策並びに付随する実施の手引及び関連情報を適用する．次のクラウドサービス固有の実施の手引も適用する．

JIS Q 27002:2014

管理策

利用することを特別に認可したネットワーク及びネットワークサービスへのアクセスだけを，利用者に提供することが望ましい．

クラウドサービスのための実施の手引

クラウドサービスカスタマ	クラウドサービスプロバイダ
クラウドサービスカスタマの，ネットワークサービス利用のためのアクセス制御方針では，利用するそれぞれのクラウドサービスへの利用者アクセスの要求事項を定めることが望ましい．	（追加の実施の手引なし）

❖解　説

本管理策はISO/IEC 27002と同様の対策を実施する．

なお，ISO/IEC 27017で規定される実施の手引はないが，クラウドサービスプロバイダが“9.2.1 利用者登録及び登録削除”と“9.2.2 利用者アクセスの提供（provisioning）”で求められていることは，本管理策でクラウドサービスカスタマに求められていることへの対応となる．

9.2　利用者アクセスの管理

9.2　利用者アクセスの管理

JIS Q 27002 の **9.2** に定める管理目的を適用する．

JIS Q 27002:2014

目的　システム及びサービスへの，認可された利用者のアクセスを確実にし，認可されていないアクセスを防止するため．

9.2.1　利用者登録及び登録削除

JIS Q 27002 の **9.2.1** に定める管理策並びに付随する実施の手引及び関連情報を適用する．次のクラウドサービス固有の実施の手引も適用する．

JIS Q 27002:2014

管理策

アクセス権の割当てを可能にするために，利用者の登録及び登録削除についての正式なプロセスを実施することが望ましい．

クラウドサービスのための実施の手引

クラウドサービスカスタマ	クラウドサービスプロバイダ
（追加の実施の手引なし）	クラウドサービスカスタマのクラウドサービスユーザによるクラウドサービスへのアクセスを管理するため，クラウドサービスプロバイダは，クラウドサービスカスタマに利用者登録・登録削除の機能及びそれを利用するための仕様を提供することが望ましい．

❖解　説

クラウドサービスカスタマは，組織のアクセス制御方針に基づいてクラウドサービスユーザの登録及び登録削除を行う必要がある．クラウドサービス(SaaSやPaaSの場合など）の種類によっては，クラウドサービスカスタマがクラウドサービスユーザの登録及び登録削除を任意に行えないことがある．このため，クラウドサービスプロバイダがクラウドサービスカスタマに対して，クラウドサービスユーザの登録及び登録削除の機能を提供する必要がある．

9.2.2 利用者アクセスの提供（provisioning）

JIS Q 27002 の **9.2.2** に定める管理策並びに付随する実施の手引及び関連情報を適用する．次のクラウドサービス固有の実施の手引も適用する．

JIS Q 27002:2014

管理策

全ての種類の利用者について，全てのシステム及びサービスへのアクセス権を割り当てる又は無効化するために，利用者アクセスの提供についての正式なプロセスを実施することが望ましい．

クラウドサービスのための実施の手引

クラウドサービスカスタマ	クラウドサービスプロバイダ
（追加の実施の手引なし）	クラウドサービスプロバイダは，クラウドサービスカスタマのクラウドサービスユーザのアクセス権を管理する機能及びそれを利用するための仕様を提供することが望ましい．

クラウドサービスのための関連情報

クラウドサービスプロバイダは，第三者のアイデンティティ管理技術及びアクセス管理技術を，提供するクラウドサービス及び関連する管理インタフェースで利用できるように支援することが望ましい．これらの技術は，シングルサインオンとして提供することによって，クラウドサービスカスタマの複数のシステム及びクラウドサービスにまたがる統合及び利用者のアイデンティティ管理を容易にし得るものであり，複数のクラウドサービスの利用も容易にし得る．

❖解 説

クラウドサービスプロバイダは，クラウドサービスカスタマによる管理インタフェースを通じた業務の要求事項を考慮して，クラウドサービス実務管理者がクラウドサービスユーザのアクセス権を定義し，管理する機能を提供することが必要である．管理インタフェースから，そのようなアクセス権の管理を行える機能を提供する，又はクラウドサービスカスタマからの要請に基づいてクラウドサービスプロバイダが設定するなどの手段が含まれる．

クラウドサービスの内容や性質に応じて，クラウドサービスを構成する要素として提供されることが必要である．

9.2.3　特権的アクセス権の管理

JIS Q 27002 の **9.2.3** に定める管理策並びに付随する実施の手引及び関連情報を適用する．次のクラウドサービス固有の実施の手引も適用する．

JIS Q 27002:2014

管理策

特権的アクセス権の割当て及び利用は，制限し，管理することが望ましい．

クラウドサービスのための実施の手引

クラウドサービスカスタマ	クラウドサービスプロバイダ
クラウドサービスカスタマは，クラウドサービス実務管理者に管理権限を与える認証に，特定したリスクに応じ，十分に強い認証技術（例えば，多要素認証）を用いることが望ましい．	クラウドサービスプロバイダは，クラウドサービスカスタマのクラウドサービス実務管理者がその役割を行えるように，クラウドサービスカスタマが特定するリスクに応じた，十分に強い認証技術を提供することが望ましい．例えば，クラウドサービスプロバイダは，多要素認証機能を提供し，又は第三者の多要素認証メカニズムを利用可能とすることができる．

❖解　説

クラウドサービスの管理インタフェースは，そのクラウドサービスカスタマのクラウドコンピューティング環境上のすべての資産を変更する権限が行使できるインタフェースである．このインタフェースが不正アクセスされた場合に，クラウドサービスカスタマに大きな損害が生じるおそれがある．

クラウドサービスプロバイダは，クラウドサービスカスタマがクラウドサービスの管理インタフェースへの不正なアクセスを防ぐために，管理インタフェースへの強い認証を提供することが必要である．規格本文中には，十分に強い認証技術の例として“多要素認証”があげられている．これは管理インタフェース上での認証に加えて，電話や物理トークンなどを含むクラウドサービス利用ネットワークとは異なる手段での認証を行うことにより，不正なアクセスを防ぐことを目的としている．

クラウドサービスプロバイダ自身での多要素認証機能の開発が現実的ではない場合，第三者，すなわちサードパーティの製品，若しくはサードパーティのサービスをクラウドサービスに組み込むことで対応することも可能である．

9.2.4　利用者の秘密認証情報の管理

JIS Q 27002 の **9.2.4** に定める管理策並びに付随する実施の手引及び関連情報を適用する．次のクラウドサービス固有の実施の手引も適用する．

JIS Q 27002:2014

管理策

秘密認証情報の割当ては，正式な管理プロセスによって管理することが望ましい．

クラウドサービスのための実施の手引

クラウドサービスカスタマ	クラウドサービスプロバイダ
クラウドサービスカスタマは，パスワードなどの秘密認証情報を割り当てるための，クラウドサービスプロバイダの管理手順が，クラウドサービスカスタマの要求事項を満たすことを検証することが望ましい．	クラウドサービスプロバイダは，秘密認証情報を割り当てる手順，及び利用者認証手順を含む，クラウドサービスカスタマの秘密認証情報の管理のための手順について情報を提供することが望ましい．

クラウドサービスのための関連情報

クラウドサービスカスタマは，自らの又は第三者のアイデンティティ管理技術及びアクセス管理技術を利用することで秘密認証情報の管理を行うことが望ましい．

❖解　説

クラウドサービスカスタマは，クラウドサービスユーザのアクセス管理のために，パスワードなどの秘密認証情報を組織のアクセス制御方針に従って割り当てる必要がある．クラウドサービスプロバイダがクラウドサービスユーザに秘密認証情報を割り当てている場合には，その手順やその秘密認証情報に基づくクラウドサービスユーザの認定手順に関する情報を提供する必要がある．

9.2.5　利用者アクセス権のレビュー

JIS Q 27002 の **9.2.5** に定める管理策並びに付随する実施の手引及び関連情報を適用する．

9.2.6　アクセス権の削除又は修正

JIS Q 27002 の **9.2.6** に定める管理策並びに付随する実施の手引及び関連情報を適用する．

❖解　説

9.2.5，9.2.6 については，それぞれ ISO/IEC 27002（JIS Q 27002）と同様の対策を実施する．

9.3　利用者の責任

9.3　利用者の責任

JIS Q 27002 の **9.3** に定める管理目的を適用する．

JIS Q 27002:2014

目的　利用者に対して，自らの秘密認証情報を保護する責任をもたせるため．

9.3.1　秘密認証情報の利用

JIS Q 27002 の **9.3.1** に定める管理策並びに付随する実施の手引及び関連情報を適用する．

❖解　説

9.3.1 については，ISO/IEC 27002（JIS Q 27002）と同様の対策を実施する．

9.4　システム及びアプリケーションのアクセス制御

9.4　システム及びアプリケーションのアクセス制御

JIS Q 27002 の **9.4** に定める管理目的を適用する．

JIS Q 27002:2014

目的　システム及びアプリケーションへの，認可されていないアクセスを防止するため．

9.4.1　情報へのアクセス制限

JIS Q 27002 の **9.4.1** に定める管理策及び付随する実施の手引を適用する．次のクラウドサービス固有の実施の手引も適用する．

JIS Q 27002:2014

管理策

情報及びアプリケーションシステム機能へのアクセスは，アクセス制御方針に従って，制限することが望ましい．

クラウドサービスのための実施の手引

クラウドサービスカスタマ	クラウドサービスプロバイダ
クラウドサービスカスタマは，クラウドサービスにおける情報へのアクセスを，アクセス制御方針に従って制限できること，及びそのような制限を実現することを確実にすることが望ましい．これには，クラウドサービスへのアクセス制限，クラウドサービス機能へのアクセス制限，及びサービスにて保持されるクラウドサービスカスタマデータへのアクセス制限を含む．	クラウドサービスプロバイダは，クラウドサービスへのアクセス，クラウドサービス機能へのアクセス，及びサービスで保持するクラウドサービスカスタマデータへのアクセスを，クラウドサービスカスタマが制限できるように，アクセス制御を提供することが望ましい．

クラウドサービスのための関連情報

クラウドコンピューティング環境では，アクセス制御が必要となる追加の領域がある．クラウドサービス又はクラウドサービスの機能の一部として，ハイパーバイザ管理機能及び管理用コンソールのような機能及びサービスへのアクセスは，追加のアクセス制御が必要となる場合がある．

❖解　説

クラウドサービスのための関連情報に記載されているように，クラウドサービス全体に影響を与える可能性のある機能へのアクセスについては，一般のクラウドサービスユーザとは異なるアクセス制御が必要となる．

クラウドサービスプロバイダは，クラウドサービスカスタマによる管理インタフェースを通じた業務の要求事項を考慮して，クラウドサービスカスタマのクラウドサービス実務管理者がクラウドサービスユーザのアクセス権を定義し，管理する機能を提供することが必要である．

9.4.2　セキュリティに配慮したログオン手順

JIS Q 27002 の **9.4.2** に定める管理策並びに付随する実施の手引及び関連情報を適用する．

9.4.3　パスワード管理システム

JIS Q 27002 の **9.4.3** に定める管理策並びに付随する実施の手引及び関連情報を適用する．

❖解　説

9.4.2，9.4.3 については，それぞれ ISO/IEC 27002（JIS Q 27002）と同様の対策を実施する．

9.4.4　特権的なユーティリティプログラムの使用

JIS Q 27002 の **9.4.4** に定める管理策並びに付随する実施の手引及び関連情報を適用する．次のクラウドサービス固有の実施の手引も適用する．

JIS Q 27002:2014

管理策

システム及びアプリケーションによる制御を無効にすることのできるユーティリティプログラムの使用は，制限し，厳しく管理することが望ましい．

クラウドサービスのための実施の手引

クラウドサービスカスタマ	クラウドサービスプロバイダ
ユーティリティプログラムの利用が許可されている場合には，クラウドサービスカスタマは，クラウドコンピューティング環境において利用するユーティリティプログラムを特定し，クラウドサービスの管理策を妨げないことを確実にすることが望ましい．	クラウドサービスプロバイダは，クラウドサービス内で利用される全てのユーティリティプログラムのための要求事項を特定することが望ましい． クラウドサービスプロバイダは，認可された要員だけが，通常の操作手順又はセキュリティ手順を回避することのできるユーティリティプログラムを利用できるように厳密に制限し，そのようなプログラムの利用を定期的にレビューし，監査することを確実にすることが望ましい．

❖解　説

クラウドサービスにおいて，クラウドサービスカスタマにユーティリティプログラムの利用を許可した場合，クラウドサービスの提供基盤に意図しない影響を与え，サービスレベルを侵害するおそれがある．特にマルチテナントのクラウドサービスの場合，影響範囲が複数のクラウドサービスカスタマに及ぶこともありうる．したがって，クラウドサービスプロバイダは，そのようなユーティリティプログラムの利用を許可する場合，クラウドサービスカスタマが利用してもよいユーティリティプログラムを特定し，必要に応じて利用の際の制約事項を明確にして，クラウドサービスカスタマに提示することが必要である．

さらに，クラウドサービスプロバイダは，ユーティリティプログラムの利用を許可する場合には，利用者及びその操作と利用範囲・利用条件について誤解が生じないように明確に定義し，限定するとともに，そのプログラムの利用状況を把握し，定期的にレビューし，さらに監査する必要がある．これらの結果に基づいて，利用の許可状況を見直すことも必要である．

9.4.5　プログラムソースコードへのアクセス制御

JIS Q 27002 の **9.4.5** に定める管理策及び付随する実施の手引を適用する．

❖解　説

9.4.5 については，ISO/IEC 27002（JIS Q 27002）と同様の対策を実施する．

CLD.9.5　共有する仮想環境におけるクラウドサービスカスタマデータのアクセス制御

CLD.9.5　共有する仮想環境におけるクラウドサービスカスタマデータのアクセス制御

目的　クラウドコンピューティングにおける共有する仮想環境利用時の情報セキュリティリスクを低減するため．

CLD.9.5.1　仮想コンピューティング環境における分離

管理策

クラウドサービス上で稼動するクラウドサービスカスタマの仮想環境は，他のクラウドサービスカスタマ及び認可されていない者から保護することが望ましい．

クラウドサービスのための実施の手引

クラウドサービスカスタマ	クラウドサービスプロバイダ
(追加の実施の手引なし)	クラウドサービスプロバイダは，クラウドサービスカスタマデータ，仮想化されたアプリケーション，オペレーティングシステム，ストレージ及びネットワークの適切な論理的分離を実施することが望ましい．目的は次のとおりである． —マルチテナント環境においてクラウドサービスカスタマが使用する資源の分離 —クラウドサービスカスタマが使用する資源からのクラウドサービスプロバイダの内部管理の分離 マルチテナンシのクラウドサービスでは，クラウドサービスプロバイダは，異なるテナントが使用する資源の適切な分離を確実にするために情報セキュリティ管理策を実施することが望ましい． クラウドサービスプロバイダは，提供するクラウドサービス内でクラウドサービスカスタマの所有するソフトウェアを実行することに伴うリスクを考慮することが望ましい．

クラウドサービスのための関連情報

論理的分離の実装は，仮想化に適用する技術に依存する．

—ソフトウェア仮想化機能が仮想環境（例えば，仮想オペレーティングシステム）を提供する場合は，ネットワーク及びストレージ構成を仮想化することができる．また，ソフトウェア仮想化環境でのクラウドサービスカスタマの分離は，ソフトウェアの分離機能を用いて設計し実装することができる．

—クラウドサービスカスタマの情報がクラウドサービスの“メタデータテーブル”とともに物理的共有ストレージ領域に保存されている場合は，他のクラウドサービスカスタマとの情報の分離は“メタデータテーブル”によるアクセス制御を用いて実施することができる．

ISO/IEC 27040（Information technology—Security techniques—Storage security）に記載されている，セキュアマルチテナンシ及び関連する手引は，クラウドコンピューティング環境に適用することができる．

❖解　説

典型的なマルチテナントのクラウドサービスにおいては，一つの物理マシン内に仮想化された複数のクラウドサービスカスタマの環境が存在し，仮想化ソフトウェアの機能によって論理的な分離がなされている．そのため，他のクラウドサービスカスタマや第三者からの意図しない資源へのアクセスを防ぐアクセス制御や，あるクラウドサービスカスタマのクラウドサービスの利用が他のクラウドサービスカスタマに影響を及ぼさないような資源の管理が必要になる．なお，クラウドサービスのための関連情報にあるように，ソフトウェア仮想化機能をこのために利用することも役に立つ．

仮想化された環境の分離においては，ネットワークによる分離が適用できる場合がある．この場合の管理策は“13.1.3 ネットワークの分離”に規定されている．

一方で，オブジェクトストレージや“メタデータテーブル”（クラウドサービスのための関連情報にあるように，PaaSやSaaSの一部で用いられる，物理的共有ストレージ領域に分散格納されたクラウドサービスカスタマデータへのアクセス制御に使われる）を用いて，クラウドサービスカスタマが自らのクラウドサービスカスタマデータへアクセスできるような実装を行っている場合がある．

本管理策はこのためのものであり，クラウドサービスプロバイダがクラウドサービスカスタマのクラウドサービスへの要求事項を想定し，適切なアクセス制御の方法を選択することが必要である．

CLD.9.5.2　仮想マシンの要塞化

管理策

クラウドコンピューティング環境の仮想マシンは，事業上のニーズを満たすために要塞化することが望ましい．

クラウドサービスのための実施の手引

クラウドサービスカスタマ	クラウドサービスプロバイダ
クラウドサービスカスタマ及びクラウドサービスプロバイダは，仮想マシンを設定する際には，適切な側面からの要塞化（例えば，必要なポート，プロトコル及びサービスだけを有効とする.）及び利用する各仮想マシンへの適切な技術手段（例えば，マルウェア対策，ログ取得）の実施を確実にすることが望ましい.	

❖解　説

本管理策のクラウドサービスのための実施の手引は，特にIaaSのクラウドサービスに考慮する必要がある．仮想マシンの要塞化はクラウドサービスプロバイダによる実施では完結しない．IaaSの場合，クラウドサービスプロバイダが提供する仮想マシンイメージから，クラウドサービスカスタマが仮想マシンを作成し，マルウェア対策やログ取得などの技術手段をもって，仮想マシンの要塞化を確実にする必要がある．

クラウドサービスプロバイダは，クラウドサービスカスタマの支援のために不要なポートを閉じるなど，仮想マシンイメージにおいて設定される仮想マシンの初期状態をセキュアにすることなどの要塞化を実施する必要がある．

また，クラウドサービスプロバイダは，仮想化基盤に対する要塞化の実施も確実にすることが必要である．特にマルチテナントのクラウドサービスにおいては，仮想化基盤への攻撃はクラウドサービスの事業継続性に影響する，極めて重要な事業上のリスクになりうる．

10　暗　号

10.1　暗号による管理策

10　暗号

10.1　暗号による管理策

JIS Q 27002 の **10.1** に定める管理目的を適用する．

JIS Q 27002:2014

目的　情報の機密性，真正性及び／又は完全性を保護するために，暗号の適切かつ有効な利用を確実にするため．

10.1.1　暗号による管理策の利用方針

JIS Q 27002 の **10.1.1** に定める管理策並びに付随する実施の手引及び関連情報を適用する．次のクラウドサービス固有の実施の手引も適用する．

JIS Q 27002:2014

管理策

情報を保護するための暗号による管理策の利用に関する方針は，策定し，実施することが望ましい．

クラウドサービスのための実施の手引

クラウドサービスカスタマ	クラウドサービスプロバイダ
クラウドサービスカスタマは，リスク分析によって必要と認められる場合には，クラウドサービスの利用において，暗号による管理策を実施することが望ましい．その管理策は，クラウドサービスカスタマ又はクラウドサービスプロバイダのいずれが供給するものであれ，特定したリスクを低減するために十分な強度をもつものであることが望ましい． クラウドサービスプロバイダが暗号を提供する場合は，クラウドサービスカスタマは，クラウドサービスプロバイダが提供する全ての情報をレビューし，その機能について次の事項を確認することが望ましい． —クラウドサービスカスタマの方針の要求事項を満たす． —クラウドサービスカスタマが利用す	クラウドサービスプロバイダは，クラウドサービスカスタマに，クラウドサービスプロバイダが処理する情報を保護するために，暗号を利用する環境に関する情報を提供することが望ましい．クラウドサービスプロバイダは，また，クラウドサービスカスタマ自らの暗号による保護を適用することを支援するためにクラウドサービスプロバイダが提供する能力についても，クラウドサービスカスタマに情報を提供することが望ましい．

る，その他の全ての暗号による保護と整合性がある． —保存データ，並びにクラウドサービスへの転送中のデータ，クラウドサービスからの転送中のデータ及びクラウドサービス内で転送中のデータに適用される．	

クラウドサービスのための関連情報

法域によっては，健康データ，住民登録番号，パスポート番号，運転免許証番号などの特定の種類の情報を保護するために，暗号を適用することが要求される場合がある．

❖解　説

クラウドサービスのための実施の手引にある“クラウドサービスカスタマの支援のために提供する能力”（“能力”はcapabilityの訳語であり，ここでは“機能”と理解する）はクラウドサービスの種類によって異なる．例えば，IaaSの場合，クラウドサービスカスタマがクラウドサービスを利用して作成した仮想ストレージを暗号化する機能を提供することが含まれるが，SaaSの場合は，クラウドサービスの仕様としてクラウドサービスプロバイダによるクラウドサービスカスタマデータの暗号化処理を行い，その事実をクラウドサービスカスタマに情報提供することなどが含まれる．

10.1.2　鍵管理

JIS Q 27002 の **10.1.2** に定める管理策並びに付随する実施の手引及び関連情報を適用する．次のクラウドサービス固有の実施の手引も適用する．

JIS Q 27002:2014

管理策

暗号鍵の利用，保護及び有効期間（lifetime）に関する方針を策定し，そのライフサイクル全体にわたって実施することが望ましい．

クラウドサービスのための実施の手引

クラウドサービスカスタマ	クラウドサービスプロバイダ
クラウドサービスカスタマは，各クラウドサービスのための暗号鍵を特定し，	（追加の実施の手引なし）

鍵管理手順を実施することが望ましい. クラウドサービスプロバイダが，クラウドサービスカスタマが利用する鍵管理機能を提供する場合には，クラウドサービスカスタマは，クラウドサービスに関連する鍵管理手順について，次の情報を要求することが望ましい. —鍵の種類 —鍵のライフサイクル，すなわち，生成，変更又は更新，保存，使用停止，読出し，維持及び破壊の各段階の手順を含む鍵管理システムの仕様 —クラウドサービスカスタマに利用を推奨する鍵管理手順 クラウドサービスカスタマは，自らの鍵管理を採用する場合又はクラウドサービスプロバイダの鍵管理サービスとは別のサービスを利用する場合，暗号の運用のための暗号鍵をクラウドサービスプロバイダが保存し，管理することを許可しないことが望ましい.	

❖解　説

10.1.2 については，ISO/IEC 27002（JIS Q 27002）と同様の対策を実施する.

11 物理的及び環境的セキュリティ

11.1 セキュリティを保つべき領域

11 物理的及び環境的セキュリティ

11.1 セキュリティを保つべき領域

JIS Q 27002 の **11.1** に定める管理目的を適用する.

JIS Q 27002:2014

目的 組織の情報及び情報処理施設に対する認可されていない物理的アクセス，損傷及び妨害を防止するため.

11.1.1 物理的セキュリティ境界

JIS Q 27002 の **11.1.1** に定める管理策並びに付随する実施の手引及び関連情報を適用する.

11.1.2 物理的入退管理策

JIS Q 27002 の **11.1.2** に定める管理策及び付随する実施の手引を適用する.

11.1.3 オフィス，部屋及び施設のセキュリティ

JIS Q 27002 の **11.1.3** に定める管理策及び付随する実施の手引を適用する.

11.1.4 外部及び環境の脅威からの保護

JIS Q 27002 の **11.1.4** に定める管理策及び付随する実施の手引を適用する.

11.1.5 セキュリティを保つべき領域での作業

JIS Q 27002 の **11.1.5** に定める管理策及び付随する実施の手引を適用する.

11.1.6 受渡場所

JIS Q 27002 の **11.1.6** に定める管理策及び付随する実施の手引を適用する.

❖解　説

11.1.1～11.1.6 については，それぞれ ISO/IEC 27002（JIS Q 27002）と同様の対策を実施する.

11.2 装　　置

11.2 装置

JIS Q 27002 の **11.2** に定める管理目的を適用する.

JIS Q 27002:2014

目的 資産の損失，損傷，盗難又は劣化，及び組織の業務に対する妨害を防止するため.

11.2.1　装置の設置及び保護

JIS Q 27002 の **11.2.1** に定める管理策及び付随する実施の手引を適用する.

11.2.2　サポートユーティリティ

JIS Q 27002 の **11.2.2** に定める管理策並びに付随する実施の手引及び関連情報を適用する.

11.2.3　ケーブル配線のセキュリティ

JIS Q 27002 の **11.2.3** に定める管理策及び付随する実施の手引を適用する.

11.2.4　装置の保守

JIS Q 27002 の **11.2.4** に定める管理策及び付随する実施の手引を適用する.

11.2.5　資産の移動

JIS Q 27002 の **11.2.5** に定める管理策並びに付随する実施の手引及び関連情報を適用する.

11.2.6　構外にある装置及び資産のセキュリティ

JIS Q 27002 の **11.2.6** に定める管理策並びに付随する実施の手引及び関連情報を適用する.

❖解　説

11.2.1～11.2.6 については，それぞれ ISO/IEC 27002（JIS Q 27002）と同様の対策を実施する.

11.2.7　装置のセキュリティを保った処分又は再利用

JIS Q 27002 の **11.2.7** に定める管理策並びに付随する実施の手引及び関連情報を適用する. 次のクラウドサービス固有の実施の手引も適用する.

JIS Q 27002:2014

管理策

記憶媒体を内蔵した全ての装置は，処分又は再利用する前に，全ての取扱いに慎重を要するデータ及びライセンス供与されたソフトウェアを消去していること，又はセキュリティを保って上書きしていることを確実にするために，検証することが望ましい.

クラウドサービスのための実施の手引

クラウドサービスカスタマ	クラウドサービスプロバイダ
クラウドサービスカスタマは，クラウドサービスプロバイダが，資源のセキュリティを保った処分又は再利用のための	クラウドサービスプロバイダは，資源（例えば，装置，データストレージ，ファイル，メモリ）のセキュリティを保っ

方針及び手順をもつことの確認を要求することが望ましい.	た処分又は再利用を時機を失せずに行うための取決めがあることを確実にすることが望ましい.

クラウドサービスのための関連情報

セキュリティを保った処分に関する追加の情報が, **ISO/IEC 27040** に示されている.

❖解　説

クラウドサービスプロバイダは，クラウドサービスカスタマから要求された場合，装置（データストレージ，ファイル，メモリを含む）のセキュリティを保った処分又は再利用を時機を失せずに行うための取決めに関して必要な情報を提供できることが必要である.

特にマルチテナントのパブリッククラウドサービスにおいては，一つの物理マシン上に複数のクラウドサービスカスタマの環境が存在するため，個々のクラウドサービスカスタマが自らのクラウドサービスカスタマデータを確実に消去し，それを確認することは困難である.

クラウドサービスカスタマに代わって，クラウドサービスプロバイダが装置のセキュリティを保った処分，あるいは処分又は再利用のための取決めを確実に実施することが求められる.

11.2.8　無人状態にある利用者装置

JIS Q 27002 の **11.2.8** に定める管理策及び付随する実施の手引を適用する.

11.2.9　クリアデスク・クリアスクリーン方針

JIS Q 27002 の **11.2.9** に定める管理策並びに付随する実施の手引及び関連情報を適用する.

❖解　説

11.2.8，11.2.9 については，それぞれ ISO/IEC 27002（JIS Q 27002）と同様の対策を実施する.

12　運用のセキュリティ

12.1　運用の手順及び責任

12　運用のセキュリティ

12.1　運用の手順及び責任

JIS Q 27002 の **12.1** に定める管理目的を適用する.

JIS Q 27002:2014

目的　情報処理設備の正確かつセキュリティを保った運用を確実にするため.

12.1.1　操作手順書

JIS Q 27002 の **12.1.1** に定める管理策及び付随する実施の手引を適用する.

❖解　説

12.1.1 については，ISO/IEC 27002（JIS Q 27002）と同様の対策を実施する.

12.1.2　変更管理

JIS Q 27002 の **12.1.2** に定める管理策並びに付随する実施の手引及び関連情報を適用する. 次のクラウドサービス固有の実施の手引も適用する.

JIS Q 27002:2014

管理策

情報セキュリティに影響を与える，組織，業務プロセス，情報処理設備及びシステムの変更は，管理することが望ましい.

クラウドサービスのための実施の手引

クラウドサービスカスタマ	クラウドサービスプロバイダ
クラウドサービスカスタマの変更管理プロセスは，クラウドサービスプロバイダによるあらゆる変更の影響を考慮することが望ましい.	クラウドサービスプロバイダは，クラウドサービスに悪影響を与える可能性のあるクラウドサービスの変更について，クラウドサービスカスタマに情報を提供することが望ましい. 次の事項は，クラウドサービスカスタマが，当該変更が情報セキュリティに与える可能性のある影響を特定するのに役立つ. —変更種別

	―変更予定日及び予定時刻 ―クラウドサービス及びその基礎にあるシステムの変更についての技術的な説明 ―変更開始及び完了の通知 クラウドサービスプロバイダは，ピアクラウドサービスプロバイダに依存するクラウドサービスを提供する際には，クラウドサービスカスタマに，ピアクラウドサービスプロバイダによって行われた変更を通知する必要がある場合がある．

クラウドサービスのための関連情報

通知に含めるべき事項の一覧は，合意書（例えば，基本契約書又はSLA）に含めることができる．

❖解　説

クラウドサービスの変更がクラウドサービスカスタマに影響を与えることがある．クラウドサービスカスタマとしては，影響を把握するためにあらゆる変更を知りたいという欲求もありうる．しかし，クラウドサービスにおいて継続的な変更は一般的なものである．例えば，クラウドサービスを構成する機能の追加や仕様の変更，提供終了，情報セキュリティインシデントの解決のための変更などである．これらすべての変更をクラウドサービスカスタマに提供することは現実的ではない．クラウドサービスプロバイダは，クラウドサービスに悪影響を与える可能性のあるクラウドサービスの変更をあらかじめ定義して，クラウドサービスカスタマとの合意の中に含めることで，クラウドサービスカスタマが変更の影響を検討することを支援する必要がある．

また，クラウドサービスカスタマへの情報提供の際には，確実な通知に努めることも重要である．クラウドサービスの規模が大きくなるにつれ，影響範囲が局所的な変更が増加してくることから，クラウドサービスカスタマが自身への影響を判断できるような情報を提供することも必要である．

さらに，クラウドサービスの機能の提供終了のような予定された変更の場合，通知期限を明確にすることも有効である．

12.1.3　容量・能力の管理

JIS Q 27002 の **12.1.3** に定める管理策並びに付随する実施の手引及び関連情報を適用する．次のクラウドサービス固有の実施の手引も適用する．

JIS Q 27002:2014

管理策

要求されたシステム性能を満たすことを確実にするために，資源の利用を監視・調整し，また，将来必要とする容量・能力を予測することが望ましい．

クラウドサービスのための実施の手引

クラウドサービスカスタマ	クラウドサービスプロバイダ
クラウドサービスカスタマは，クラウドサービスで提供される合意した容量・能力が，クラウドサービスカスタマの要求を満たすことを確認することが望ましい． クラウドサービスカスタマは，将来のクラウドサービスの性能を確実にするため，クラウドサービスの使用を監視し，将来必要となる容量・能力を予測することが望ましい．	クラウドサービスプロバイダは，資源不足による情報セキュリティインシデントの発生を防ぐため，資源全体の容量・能力を監視することが望ましい．

クラウドサービスのための関連情報

クラウドサービスには，クラウドサービスプロバイダの管理下にあって，基本契約書及び関連する SLA の条件に基づきクラウドサービスカスタマに使用させる資源がある．このような資源には，ソフトウェア，処理用ハードウェア，データストレージ及びネットワーク接続がある．

クラウドサービスにおける弾力性がありスケーラブルで，かつ，オンデマンドの資源割当てによって，一般に，サービス全体の容量・能力は高まる．しかしながら，クラウドサービスカスタマは，提供される資源に容量・能力の制限があり得ることを認識しておく必要がある．容量・能力の制約の例に，アプリケーションに割り当てられるコアプロセッサの数，利用可能なストレージ容量，及び利用可能なネットワーク帯域幅がある．

この制約は，特定のクラウドサービス又はクラウドサービスカスタマが購入する特定のサービス内容（subscription）によって異なり得る．クラウドサービスカスタマの要求がこの制約を超える場合，クラウドサービスの変更又はサービス内容の変更が必要となる可能性がある．

クラウドサービスカスタマがクラウドサービスの容量・能力の管理を実施するために，クラウドサービスカスタマは，次のような関連する資源使用についての統計情報にアクセスできることが望ましい.
—特定の期間の統計情報
—資源使用の最大水準

❖解　説

クラウドサービスの提供のための資源が不足すると，クラウドサービスカスタマがオンデマンドで資源を利用できず，可用性に関する情報セキュリティインシデントにつながる．仮想的に提供する資源の総量は物理的限界を超えることができないことから，資源の総容量と総能力を管理することが必要である．

また，クラウドサービスのための関連情報に記載されているとおり，クラウドサービスカスタマごとの統計情報をクラウドサービスの管理インタフェース上での表示やAPIによってデータで提供することによって，クラウドサービスカスタマの管理上の負担を軽減することが期待できる．

12.1.4　開発環境，試験環境及び運用環境の分離

JIS Q 27002の**12.1.4**に定める管理策並びに付随する実施の手引及び関連情報を適用する．

❖解　説

12.1.4については，ISO/IEC 27002(JIS Q 27002)と同様の対策を実施する．

CLD.12.1.5　実務管理者の運用のセキュリティ

管理策

クラウドコンピューティング環境の管理操作のための手順は，これを定義し，文書化し，監視することが望ましい．

クラウドサービスのための実施の手引

クラウドサービスカスタマ	クラウドサービスプロバイダ
クラウドサービスカスタマは，一つの失敗がクラウドコンピューティング環境における資産に回復不能な損害を与えるような重要な操作の手順を文書化することが望ましい．	クラウドサービスプロバイダは，要求するクラウドサービスカスタマに，重要な操作及び手順を文書化して提供することが望ましい．

重要な操作の例には次のものがある. —サーバ，ネットワーク，ストレージなどの仮想化されたデバイスのインストール，変更及び削除 —クラウドサービス利用の終了手順 —バックアップ及び復旧 この文書では，監督者がこれらの操作を監視すべきことを明記することが望ましい.	

クラウドサービスのための関連情報

クラウドコンピューティングには，迅速な提供及び管理並びにオンデマンドセルフサービスという利点がある．これらの操作は，多くの場合，クラウドサービスカスタマ及びクラウドサービスプロバイダの実務管理者が行う．これらの重要な操作への人間の介入は重大な情報セキュリティインシデントを引き起こす可能性があるため，操作を保護するための仕組みの導入を検討することが望ましく，必要に応じてこれを定義し実施することが望ましい．重大なインシデントの例としては，多数の仮想サーバの消去若しくはシャットダウン，又は仮想資産の破壊が含まれる．

❖解　説

クラウドサービスプロバイダは，クラウドサービスカスタマへの実施の手引の記載にある例を参考にして，重要な操作を特定し，その操作方法を手順化し，提供することが必要である．提供方法の例としては，ヘルプや簡易マニュアルといったクラウドサービスカスタマ向けの文書として発行することが含まれる．

12.2　マルウェアからの保護

12.2　マルウェアからの保護

JIS Q 27002 の **12.2** に定める管理目的を適用する．

JIS Q 27002:2014

目的　情報及び情報処理施設がマルウェアから保護されることを確実にするため．

12.2.1　マルウェアに対する管理策

JIS Q 27002 の **12.2.1** に定める管理策並びに付随する実施の手引及び関連情報を適用する．

❖解　説

12.2.1 については，ISO/IEC 27002（JIS Q 27002）と同様の対策を実施する．

12.3　バックアップ

12.3　バックアップ

JIS Q 27002 の **12.3** に定める管理目的を適用する．

JIS Q 27002:2014

目的　データの消失から保護するため．

12.3.1　情報のバックアップ

JIS Q 27002 の **12.3.1** に定める管理策及び付随する実施の手引を適用する．次のクラウドサービス固有の実施の手引も適用する．

JIS Q 27002:2014

管理策

情報，ソフトウェア及びシステムイメージのバックアップは，合意されたバックアップ方針に従って定期的に取得し，検査することが望ましい．

クラウドサービスのための実施の手引

クラウドサービスカスタマ	クラウドサービスプロバイダ
クラウドサービスプロバイダがクラウドサービスの一部としてバックアップ機能を提供する場合は，クラウドサービスカスタマは，クラウドサービスプロバイダにバックアップ機能の仕様を要求することが望ましい．また，クラウドサービスカスタマは，その仕様がバックアップに関する要求事項を満たすことを検証することが望ましい． クラウドサービスプロバイダがバックアップ機能を提供しない場合は，クラウドサービスカスタマがバックアップ機能の導入に責任を負う．	クラウドサービスプロバイダは，クラウドサービスカスタマに，バックアップ機能の仕様を提供することが望ましい．その仕様には，必要に応じ，次の情報を含めることが望ましい． ―バックアップ範囲及びスケジュール ―該当する場合には暗号を含む，バックアップ手法及びデータ形式 ―バックアップデータ保持期間 ―バックアップデータの完全性を検証するための手順 ―バックアップからのデータ復旧手順及び所要時間 ―バックアップ機能の試験手順 ―バックアップの保存場所 クラウドサービスプロバイダは，クラウドサービスカスタマにバックアップにアクセスさせるサービスを提供する場合

	には，仮想スナップショットなどの，セキュリティを保った，他のクラウドサービスカスタマから分離したアクセスを提供することが望ましい．

クラウドサービスのための関連情報

クラウドコンピューティング環境におけるバックアップの取得に関する責任分担は，曖昧になりがちである．IaaSの場合，バックアップ取得の責任は一般的にはクラウドサービスカスタマ側にある．しかしながら，クラウドサービスカスタマは，クラウドコンピューティングシステムにおいて生成される全てのクラウドサービスカスタマデータ（例えば，PaaSの開発機能の利用によって生成される実行可能なファイル）のバックアップを取得することについて，自らの責任を認識していない場合がある．

注記　幾つかのレベルのバックアップ及び復旧が，追加費用のサービスとして提供される場合がある．この場合，クラウドサービスカスタマは，バックアップ取得の対象及び時点を選ぶことができる．

❖解　説

クラウドサービスプロバイダは，バックアップの取得に関する責任分担を明確にするために，事前に合意書（例えば，利用規約，SLA）を利用して明示することもバックアップ機能の仕様の提供として有効である．

12.4　ログ取得及び監視

12.4　ログ取得及び監視

JIS Q 27002 の **12.4** に定める管理目的を適用する．

JIS Q 27002:2014

目的　イベントを記録し，証拠を作成するため．

12.4.1　イベントログ取得

JIS Q 27002 の **12.4.1** に定める管理策並びに付随する実施の手引及び関連情報を適用する．次のクラウドサービス固有の実施の手引も適用する．

JIS Q 27002:2014

管理策

利用者の活動，例外処理，過失及び情報セキュリティ事象を記録したイベントログを取得し，保持し，定期的にレビューすることが望ましい．

クラウドサービスのための実施の手引

クラウドサービスカスタマ	クラウドサービスプロバイダ
クラウドサービスカスタマは，イベントログ取得の要求事項を定義し，クラウドサービスがその要求事項を満たすことを検証することが望ましい.	クラウドサービスプロバイダは，クラウドサービスカスタマに，ログ取得機能を提供することが望ましい.

クラウドサービスのための関連情報

イベントログ取得に関するクラウドサービスカスタマ及びクラウドサービスプロバイダの責任は，利用しているクラウドサービスの種類に応じて異なる．例えば，IaaSでは，クラウドサービスプロバイダのログ取得の責任はクラウドコンピューティングの基盤を構成する要素に関するログ取得に限られる場合があり，クラウドサービスカスタマが自らの仮想マシン及びアプリケーションのイベントログ取得に責任を負う場合がある.

❖解　説

クラウドサービスプロバイダは，クラウドサービスカスタマがISO/IEC 27002の“12.4.1 イベントログ取得”を実施できるようにすることに留意して，ログ取得機能を提供することが必要である．提供するログの内容は，クラウドサービスのための関連情報にあるように，クラウドサービスの種類に応じて異なるが，ISO/IEC 27002の12.4.1の記載を参考に，クラウドサービスカスタマでは取得が困難なものを特定して，機能として提供することが必要である．そのようなログの例としては，主にクラウドサービスへの操作に関連するものがあげられる.

12.4.2　ログ情報の保護

JIS Q 27002の**12.4.2**に定める管理策並びに付随する実施の手引及び関連情報を適用する.

❖解　説

12.4.2については，ISO/IEC 27002（JIS Q 27002）と同様の対策を実施する.

12.4.3　実務管理者及び運用担当者の作業ログ

JIS Q 27002 の **12.4.3** に定める管理策並びに付随する実施の手引及び関連情報を適用する．次のクラウドサービス固有の実施の手引も適用する．

JIS Q 27002:2014

管理策

システムの実務管理者及び運用担当者の作業は，記録し，そのログを保護し，定期的にレビューすることが望ましい．

クラウドサービスのための実施の手引

クラウドサービスカスタマ	クラウドサービスプロバイダ
特権的な操作がクラウドサービスカスタマに委譲されている場合は，その操作及び操作のパフォーマンスについてログを取得することが望ましい．クラウドサービスカスタマは，クラウドサービスプロバイダが提供するログ取得機能が適切かどうか，又はクラウドサービスカスタマがログ取得機能を追加して実装すべきかどうかを決定することが望ましい．	（追加の実施の手引なし）

クラウドサービスのための関連情報

クラウドサービスカスタマとクラウドサービスプロバイダとの間の責任の割当て（**6.1.1** を参照）は，クラウドサービスに関する特権的な操作を対象としていることが望ましい．特権的な操作の誤った利用に対する予防処置及び是正処置を支援するために，特権的な操作の利用を監視し，また，ログを取得する必要がある．

❖解　説

12.4.3については，ISO/IEC 27002（JIS Q 27002）と同様の対策を実施する．

12.4.4　クロックの同期

JIS Q 27002 の **12.4.4** に定める管理策並びに付随する実施の手引及び関連情報を適用する．次のクラウドサービス固有の実施の手引も適用する．

JIS Q 27002:2014

管理策

組織又はセキュリティ領域内の関連する全ての情報処理システムのクロックは，単一の参照時刻源と同期させることが望ましい．

クラウドサービスのための実施の手引

クラウドサービスカスタマ	クラウドサービスプロバイダ
クラウドサービスカスタマは，クラウドサービスプロバイダのシステムで使用するクロックの同期について，情報を要求することが望ましい．	クラウドサービスプロバイダは，クラウドサービスカスタマに，クラウドサービスプロバイダのシステムで使用しているクロックについて，及びクラウドサービスカスタマがそのクロックをクラウドサービスのクロックに同期させる方法について，情報を提供することが望ましい．

クラウドサービスのための関連情報

クラウドサービスカスタマのシステムと，クラウドサービスカスタマが利用するクラウドサービスを実行しているクラウドサービスプロバイダのシステムとの間のクロックの同期を考慮する必要がある．このような同期がなされない場合，クラウドサービスカスタマのシステムにおけるイベントとクラウドサービスプロバイダのシステムにおけるイベントとを照合することが難しい場合がある．

❖解　説

多くのクラウドサービスでは，クラウドサービスカスタマが作成して管理するシステムは標準でクラウドサービスプロバイダのシステムで使用されているクロックと同期されている．

クラウドサービスカスタマがオンプレミス環境や他のクラウドサービス環境にあるシステムで利用しているクロックと利用中のクラウドサービス環境のクロックを同期する場合，クラウドサービスカスタマが自身でクロックの同期を管理する方法についての情報が必要となる．この際，クラウドサービスプロバイダは情報の提供を求められることがあるため，これに対応する必要がある．

CLD.12.4.5　クラウドサービスの監視

管理策

クラウドサービスカスタマは，クラウドサービスカスタマが利用するクラウドサービスの操作の特定の側面を監視する能力をもつことが望ましい．

クラウドサービスのための実施の手引

クラウドサービスカスタマ	クラウドサービスプロバイダ
クラウドサービスカスタマは，クラウ	クラウドサービスプロバイダは，クラ

ドサービスプロバイダに，各クラウドサービスで利用可能なサービス監視機能に関する情報を要求することが望ましい．	ウドサービスカスタマが，自らに関係するクラウドサービスの操作の特定の側面を監視できるようにする機能を提供することが望ましい．例えば，クラウドサービスが，他者を攻撃する基盤として利用されていないか，機微なデータがクラウドサービスから漏えいしていないかを監視し検出する．適切なアクセス制御によって，監視機能の利用のセキュリティを保つことが望ましい．この機能は，当該クラウドサービスカスタマのクラウドサービスインスタンスに関する情報へのアクセスだけを許可することが望ましい． クラウドサービスプロバイダは，クラウドサービスカスタマにサービス監視機能の文書を提供することが望ましい． 監視は，**12.4.1** に記載されたイベントログと矛盾しないデータを提供し，かつ，SLAの条項の適用を支援することが望ましい．

❖解　説

クラウドサービスカスタマはクラウドサービスの管理インタフェースを通じて，割り当てられたクラウドコンピューティング環境のシステムを操作することができる．クラウドサービスカスタマは，そのような操作が適切に実施されていることを管理する必要がある．したがって，クラウドサービスのための実施の手引にあるように，不正な操作によって他者への攻撃に利用されていないかなど，クラウドサービスカスタマが自身のクラウドサービス利用について監視できるようにするため，クラウドサービスプロバイダはクラウドサービスの操作について監視できる機能を提供することが必要である．

なお，“操作の特定の側面”とは，クラウドサービスカスタマの情報セキュリティに影響を与える行為を指す．例えば，管理ポータルへのログイン，クラウドサービスカスタマがクラウドコンピューティング環境に変更を与える操作である．

12.5　運用ソフトウェアの管理

12.5　運用ソフトウェアの管理

JIS Q 27002 の **12.5** に定める管理目的を適用する.

JIS Q 27002:2014

目的　運用システムの完全性を確実にするため.

12.5.1　運用システムに関わるソフトウェアの導入

JIS Q 27002 の **12.5.1** に定める管理策及び付随する実施の手引を適用する.

❖解　説

12.5.1 については，ISO/IEC 27002（JIS Q 27002）と同様の対策を実施する.

12.6　技術的ぜい弱性管理

12.6　技術的ぜい弱性管理

JIS Q 27002 の **12.6** に定める管理目的を適用する.

JIS Q 27002:2014

目的　技術的ぜい弱性の悪用を防止するため.

12.6.1　技術的ぜい弱性の管理

JIS Q 27002 の **12.6.1** に定める管理策並びに付随する実施の手引及び関連情報を適用する. 次のクラウドサービス固有の実施の手引も適用する.

JIS Q 27002:2014

管理策

利用中の情報システムの技術的ぜい弱性に関する情報は，時機を失せずに獲得することが望ましい. また，そのようなぜい弱性に組織がさらされている状況を評価することが望ましい. さらに，それらと関連するリスクに対処するために，適切な手段をとることが望ましい.

クラウドサービスのための実施の手引

クラウドサービスカスタマ	クラウドサービスプロバイダ
クラウドサービスカスタマは，クラウドサービスプロバイダに，提供を受けるクラウドサービスに影響し得る技術的ぜい弱性の管理に関する情報を要求するこ	クラウドサービスプロバイダは，提供するクラウドサービスに影響し得る技術的ぜい弱性の管理に関する情報をクラウドサービスカスタマが利用できるように

とが望ましい．クラウドサービスカスタマは，自らが管理に責任をもつ技術的ぜい弱性を特定し，それを管理するプロセスを明確に定義することが望ましい．	することが望ましい．

❖解　説

技術的ぜい弱性の管理に関する情報の開示はクラウドサービスのセキュリティに悪影響を及ぼす可能性もある．一方，技術的ぜい弱性の管理について，クラウドサービスカスタマが組織の情報セキュリティ方針に基づいて要求することも考えられる．このため，クラウドサービスプロバイダは，クラウドサービスに影響しうる技術的ぜい弱性を特定し，その管理についての情報をどの程度クラウドサービスカスタマに提供するかをあらかじめ明確にすることが必要である．

このことによって，クラウドサービスカスタマはクラウドサービス利用上の技術的ぜい弱性のリスクを把握すること，及び開示された情報に基づいてリスクに対応することができる．

12.6.2　ソフトウェアのインストールの制限

JIS Q 27002 の **12.6.2** に定める管理策並びに付随する実施の手引及び関連情報を適用する．

❖解　説

12.6.2 については，ISO/IEC 27002（JIS Q 27002）と同様の対策を実施する．

12.7　情報システムの監査に対する考慮事項

12.7　情報システムの監査に対する考慮事項

JIS Q 27002 の **12.7** に定める管理目的を適用する．

JIS Q 27002:2014

目的　運用システムに対する監査活動の影響を最小限にするため．

12.7.1　情報システムの監査に対する管理策

JIS Q 27002 の **12.7.1** に定める管理策及び付随する実施の手引を適用する.

❖解　説

12.7.1 については，ISO/IEC 27002（JIS Q 27002）と同様の対策を実施する.

13　通信のセキュリティ

13.1　ネットワークセキュリティ管理

13　通信のセキュリティ

13.1　ネットワークセキュリティ管理

JIS Q 27002 の **13.1** に定める管理目的を適用する．

JIS Q 27002:2014

目的　ネットワークにおける情報の保護，及びネットワークを支える情報処理施設の保護を確実にするため．

13.1.1　ネットワーク管理策

JIS Q 27002 の **13.1.1** に定める管理策並びに付随する実施の手引及び関連情報を適用する．

13.1.2　ネットワークサービスのセキュリティ

JIS Q 27002 の **13.1.2** に定める管理策並びに付随する実施の手引及び関連情報を適用する．

❖解　説

13.1.1，13.1.2 については，それぞれ ISO/IEC 27002（JIS Q 27002）と同様の対策を実施する．

13.1.3　ネットワークの分離

JIS Q 27002 の **13.1.3** に定める管理策並びに付随する実施の手引及び関連情報を適用する．次のクラウドサービス固有の実施の手引も適用する．

JIS Q 27002:2014

管理策

情報サービス，利用者及び情報システムは，ネットワーク上で，グループごとに分離することが望ましい．

クラウドサービスのための実施の手引

クラウドサービスカスタマ	クラウドサービスプロバイダ
クラウドサービスカスタマは，クラウドサービスの共有環境においてテナントの分離を実現するためのネットワークの	クラウドサービスプロバイダは，次の場合においてネットワークアクセスの分離を確実に実施することが望ましい．

分離に関する要求事項を定義し，クラウドサービスプロバイダがその要求事項を満たしていることを検証することが望ましい．	—マルチテナント環境におけるテナント間の分離 —クラウドサービスプロバイダ内部の管理環境とクラウドサービスカスタマのクラウドコンピューティング環境との分離 　必要な場合には，クラウドサービスプロバイダは，クラウドサービスプロバイダが実施している分離を，クラウドサービスカスタマが検証することを助けることが望ましい．

クラウドサービスのための関連情報

法令及び規制によって，ネットワークの分離又はネットワークトラフィックの分離が求められることがある．

❖解　説

クラウドサービスプロバイダは，クラウドサービスにおけるテナント間の分離，及びクラウドサービスプロバイダ内部の管理環境とクラウドサービスカスタマのクラウドコンピューティング環境との分離について，確実に実施することに加えて，セキュリティホワイトペーパーなどを通じて，クラウドサービスに関する技術的情報提供を行うとよい．このことは，クラウドサービスカスタマが要求事項の検証をすることに役立つ．

なお，クラウドサービスカスタマによるテナント分離の検証はペネトレーションテストを許可する方法などがありうる．その際には，他のクラウドサービスカスタマに影響を与えないように，事前の申請など，手続き面も含めた整備が必要であると考えられる．

また，クラウドサービスのための関連情報において記載されている法令及び規制による要求事項については，“18.1.1 適用法令及び契約上の要求事項の順守”において考慮することも必要である．

CLD.13.1.4　仮想及び物理ネットワークのセキュリティ管理の整合

管理策

仮想ネットワークを設定する際には，クラウドサービスプロバイダのネットワークセキュリティ方針に基づいて，仮想ネットワークと物理ネットワークとの間の設定の整合性を検証することが望ましい．

クラウドサービスのための実施の手引

クラウドサービスカスタマ	クラウドサービスプロバイダ
(追加の実施の手引なし)	クラウドサービスプロバイダは，物理ネットワークの情報セキュリティ方針と整合の取れた，仮想ネットワークを設定するための情報セキュリティ方針を定義し文書化することが望ましい．クラウドサービスプロバイダは，設定作成に使用する手段によらず，仮想ネットワークの設定が情報セキュリティ方針に適合することを確実にすることが望ましい．

クラウドサービスのための関連情報

仮想化技術を基にして設定されたクラウドコンピューティング環境では，仮想ネットワークは物理ネットワーク上の仮想基盤上に設定される．このような環境では，ネットワーク方針の矛盾は，システムの停止又はアクセス制御の欠陥の原因になり得る．

注記　クラウドサービスの種類によって，仮想ネットワークを設定する責任は，クラウドサービスカスタマとクラウドサービスプロバイダとの間で変わることがある．

❖解　説

クラウドサービスによっては，仮想ネットワーク技術を利用してクラウドサービスカスタマのテナントを分離していることがある．ISO/IEC 27002の“13.1.1 ネットワーク管理策”に基づいて物理ネットワーク及び仮想ネットワークそれぞれの設定をセキュアにすることに加えて，本管理策ではそれらの整合性に注目している．

1.1.2項 (21ページを参照) で紹介したライブマイグレーションを例にあげると，ライブマイグレーションは，物理マシン間の仮想マシンの移動が柔軟に行える反面，1台の物理マシンが保持するIPアドレスの数を超えてしまった場合，割り当てられるIPアドレスが枯渇し，通信不能を引き起こしてしまう．したがって，物理ネットワークと整合性のとれた仮想ネットワークの設定を実施することを情報セキュリティ方針に含めて文書化することが必要である．

なお，クラウドサービスのための関連情報の“注記”に記載されるように，仮想ネットワークを設定する責任がクラウドサービスの種類によって異なることがある．例えば，仮想ネットワークを設定する機能をクラウドサービスの一部として提供し，クラウドサービスカスタマの責任範囲とする場合には，個々のクラウドサービスカスタマのニーズに対応できるだけのネットワーク資源を提供する必要がある．

13.2 情報の転送

13.2　情報の転送

JIS Q 27002 の **13.2** に定める管理目的を適用する．

JIS Q 27002:2014

目的　組織の内部及び外部に転送した情報のセキュリティを維持するため．

13.2.1　情報転送の方針及び手順

JIS Q 27002 の **13.2.1** に定める管理策並びに付随する実施の手引及び関連情報を適用する．

13.2.2　情報転送に関する合意

JIS Q 27002 の **13.2.2** に定める管理策並びに付随する実施の手引及び関連情報を適用する．

13.2.3　電子的メッセージ通信

JIS Q 27002 の **13.2.3** に定める管理策並びに付随する実施の手引及び関連情報を適用する．

13.2.4　秘密保持契約又は守秘義務契約

JIS Q 27002 の **13.2.4** に定める管理策並びに付随する実施の手引及び関連情報を適用する．

❖解　説

13.2.1～13.2.4については，それぞれISO/IEC 27002（JIS Q 27002）と同様の対策を実施する．

14　システムの取得，開発及び保守

14.1　情報システムのセキュリティ要求事項

14　システムの取得，開発及び保守

14.1　情報システムのセキュリティ要求事項

JIS Q 27002 の **14.1** に定める管理目的を適用する．

JIS Q 27002:2014

目的　ライフサイクル全体にわたって，情報セキュリティが情報システムに欠くことのできない部分であることを確実にするため．これには，公衆ネットワークを介してサービスを提供する情報システムのための要求事項も含む．

14.1.1　情報セキュリティ要求事項の分析及び仕様化

JIS Q 27002 の **14.1.1** に定める管理策並びに付随する実施の手引及び関連情報を適用する．次のクラウドサービス固有の実施の手引も適用する．

JIS Q 27002:2014

管理策

情報セキュリティに関連する要求事項は，新しい情報システム又は既存の情報システムの改善に関する要求事項に含めることが望ましい．

クラウドサービスのための実施の手引

クラウドサービスカスタマ	クラウドサービスプロバイダ
クラウドサービスカスタマは，クラウドサービスにおける情報セキュリティ要求事項を定め，クラウドサービスプロバイダの提供するサービスがこの要求事項を満たせるか否かを評価することが望ましい． この評価のために，クラウドサービスカスタマは，クラウドサービスプロバイダに情報セキュリティ機能に関する情報の提供を要求することが望ましい．	クラウドサービスプロバイダは，クラウドサービスカスタマが利用する情報セキュリティ機能に関する情報をクラウドサービスカスタマに提供することが望ましい．この情報は，悪意をもつ者を利する可能性のある情報を開示することなく，クラウドサービスカスタマには役立つものであることが望ましい．

クラウドサービスのための関連情報

守秘義務契約を結んでいるクラウドサービスカスタマ又は潜在的なクラウドサービスカスタマに提供するクラウドサービスに関係するため，情報セキュリティ管理策に関して，その実施の詳細については，開示を制限するように注意することが望ましい．

❖解　説

クラウドサービスプロバイダによるクラウドサービスへの情報セキュリティは主にISO/IEC 27002によってカバーされるものであるが，本管理策においては，クラウドサービスカスタマの要求事項を満たすために，クラウドサービスプロバイダの実施する管理策に関する情報開示が求められている．

クラウドサービスプロバイダにとって，適切な情報開示はクラウドサービスカスタマ及び潜在的なクラウドサービスカスタマにクラウドサービスへの理解を促し，協調的な関係を構築するために欠かせないものである．実際には，多くのクラウドサービスプロバイダがウェブサイトでの積極的な情報公開を行っている．

一方で，クラウドサービスのための関連情報にあるように，実施の詳細など，クラウドサービスの情報セキュリティに関する情報は，秘密保持契約など，開示のための制限を設けることが必要である．

14.1.2　公衆ネットワーク上のアプリケーションサービスのセキュリティの考慮

JIS Q 27002 に定める **14.1.2** の管理策並びに付随する実施の手引及び関連情報を適用する．

14.1.3　アプリケーションサービスのトランザクションの保護

JIS Q 27002 の **14.1.3** に定める管理策並びに付随する実施の手引及び関連情報を適用する．

❖解　説

14.1.2，14.1.3については，それぞれISO/IEC 27002（JIS Q 27002）と同様の対策を実施する．

14.2　開発及びサポートプロセスにおけるセキュリティ

14.2　開発及びサポートプロセスにおけるセキュリティ

JIS Q 27002 の **14.2** に定める管理目的を適用する．

JIS Q 27002:2014

目的　情報システムの開発サイクルの中で情報セキュリティを設計し，実施することを確実にするため．

14.2.1　セキュリティに配慮した開発のための方針

JIS Q 27002 の **14.2.1** に定める管理策並びに付随する実施の手引及び関連情報を適用する．次のクラウドサービス固有の実施の手引も適用する．

JIS Q 27002:2014

管理策

ソフトウェア及びシステムの開発のための規則は，組織内において確立し，開発に対して適用することが望ましい．

クラウドサービスのための実施の手引

クラウドサービスカスタマ	クラウドサービスプロバイダ
クラウドサービスカスタマは，クラウドサービスプロバイダが適用しているセキュリティに配慮した開発の手順及び実践に関する情報を，クラウドサービスプロバイダに要求することが望ましい．	クラウドサービスプロバイダは，開示方針に合致する範囲で，適用しているセキュリティに配慮した開発の手順及び実践に関する情報を提供することが望ましい．

クラウドサービスのための関連情報

クラウドサービスプロバイダのセキュリティに配慮した開発の手順及び実践は，SaaS のクラウドサービスカスタマにとって不可欠なものとなりえる．

❖解　説

クラウドサービスプロバイダは“14.1 情報システムのセキュリティ要求事項”を考慮して，ISO/IEC 27002 若しくは相当する管理策の実施についてクラウドサービスカスタマ又は潜在的なクラウドサービスカスタマから確認された場合，必要な情報を提供できることが必要である．ただし，セキュリティの管理に関する情報の提供は新たなリスクを生じさせるおそれがあるため，“5.1.1 情報セキュリティのための方針群”であらかじめ開示方針を明確にし，その方針に従った内容とする必要がある．

なお，クラウドサービスのための関連情報に記載されているとおり，SaaS の場合は，クラウドサービスを構成する基盤への開発がクラウドサービスプロバイダによって担われる．そのため，クラウドサービスカスタマにとってクラウドサービスプロバイダがセキュリティに配慮した開発を行っていることへの関心が高い．この点に留意する必要がある．

14.2.2　システムの変更管理手順

JIS Q 27002 の **14.2.2** に定める管理策並びに付随する実施の手引及び関連情報を適用する．

14.2.3　オペレーティングプラットフォーム変更後のアプリケーションの技術的レビュー

JIS Q 27002 の **14.2.3** に定める管理策並びに付随する実施の手引及び関連情報を適用する．

14.2.4　パッケージソフトウェアの変更に対する制限

JIS Q 27002 の **14.2.4** に定める管理策及び付随する実施の手引を適用する．

14.2.5　セキュリティに配慮したシステム構築の原則

JIS Q 27002 の **14.2.5** に定める管理策並びに付随する実施の手引及び関連情報を適用する．

14.2.6　セキュリティに配慮した開発環境

JIS Q 27002 の **14.2.6** に定める管理策及び付随する実施の手引を適用する．

14.2.7　外部委託による開発

JIS Q 27002 の **14.2.7** に定める管理策並びに付随する実施の手引及び関連情報を適用する．

14.2.8　システムセキュリティの試験

JIS Q 27002 の **14.2.8** に定める管理策並びに付随する実施の手引及び関連情報を適用する．

❖解　説

14.2.2～14.2.8については，それぞれISO/IEC 27002（JIS Q 27002）と同様の対策を実施する．

14.2.9　システムの受入れ試験

JIS Q 27002 の **14.2.9** に定める管理策及び付随する実施の手引を適用する．

JIS Q 27002:2014

管理策

新しい情報システム，及びその改訂版・更新版のために，受入れ試験のプログラム及び関連する基準を確立することが望ましい．

クラウドサービスのための関連情報
クラウドコンピューティングにおいては，システムの受入れ試験の手引は，クラウドサービスカスタマによるクラウドサービスの利用に適用される．

❖**解　説**

14.2.9 については，クラウドサービスのための関連情報を参考に，ISO/IEC 27002（JIS Q 27002）と同様の対策を実施する．

14.3　試験データ

14.3　試験データ
JIS Q 27002 の **14.3** に定める管理目的を適用する．

JIS Q 27002:2014

目的　試験に用いるデータの保護を確実にするため．

14.3.1　試験データの保護
JIS Q 27002 の **14.3.1** に定める管理策並びに付随する実施の手引及び関連情報を適用する．

❖**解　説**

14.3.1 については，ISO/IEC 27002（JIS Q 27002）と同様の対策を実施する．

15 供給者関係

15.1 供給者関係における情報セキュリティ

15 供給者関係

15.1 供給者関係における情報セキュリティ

JIS Q 27002 の **15.1** に定める管理目的を適用する.

JIS Q 27002:2014

目的 供給者がアクセスできる組織の資産の保護を確実にするため.

15.1.1 供給者関係のための情報セキュリティの方針

JIS Q 27002 の **15.1.1** に定める管理策並びに付随する実施の手引及び関連情報を適用する. 次のクラウドサービス固有の実施の手引も適用する.

JIS Q 27002:2014

管理策

組織の資産に対する供給者のアクセスに関連するリスクを軽減するための情報セキュリティ要求事項について, 供給者と合意し, 文書化することが望ましい.

クラウドサービスのための実施の手引

クラウドサービスカスタマ	クラウドサービスプロバイダ
クラウドサービスカスタマは, クラウドサービスプロバイダを供給者の一つとして, 供給者関係のための情報セキュリティの方針に含めることが望ましい. これはクラウドサービスプロバイダによるクラウドサービスカスタマデータへのアクセス及びクラウドサービスカスタマデータの管理に関するリスクの低減に役立つ.	(追加の実施の手引なし)

❖解 説

15.1.1 については, ISO/IEC 27002 (JIS Q 27002) と同様の対策を実施する.

15.1.2　供給者との合意におけるセキュリティの取扱い

JIS Q 27002 の **15.1.2** に定める管理策並びに付随する実施の手引及び関連情報を適用する．次のクラウドサービス固有の実施の手引も適用する．

JIS Q 27002:2014

管理策

関連する全ての情報セキュリティ要求事項を確立し，組織の情報に対して，アクセス，処理，保存若しくは通信を行う，又は組織の情報のためのIT基盤を提供する可能性のあるそれぞれの供給者と，この要求事項について合意することが望ましい．

クラウドサービスのための実施の手引

クラウドサービスカスタマ	クラウドサービスプロバイダ
クラウドサービスカスタマは，サービス合意書に記載されている，クラウドサービスに関連する情報セキュリティの役割及び責任を確認することが望ましい．これらには次のプロセスが含まれ得る． ―マルウェアからの保護 ―バックアップ ―暗号による管理策 ―ぜい弱性管理 ―インシデント管理 ―技術的順守の確認 ―セキュリティ試験 ―監査 ―ログ及び監査証跡を含む，証拠の収集，保守及び保護 ―サービス合意の終了時の情報の保護 ―認証及びアクセス制御 ―アイデンティティ管理及びアクセス管理	クラウドサービスプロバイダは，クラウドサービスカスタマとの間で誤解が生じないことを確実にするために，合意の一部として，クラウドサービスプロバイダが実施する，クラウドサービスカスタマに関係する情報セキュリティ対策を特定することが望ましい． クラウドサービスプロバイダが実施する，クラウドサービスカスタマに関係する情報セキュリティ対策は，クラウドサービスカスタマが利用するクラウドサービスの種類によって異なることがある．

❖解　説

クラウドサービスプロバイダの実施する情報セキュリティ対策は，クラウドサービスプロバイダが情報を開示しない限り，クラウドサービスカスタマにとって“ブラックボックス”であり，クラウドサービスカスタマの要求事項を満たせているかどうかの判断ができない．クラウドサービスカスタマ向けのクラウドサービスのための実施の手引にあるプロセスを参考に，“クラウドサービスプロバイダが実施する，クラウドサービスカスタマに関係する情報セキュリティ対策”についての情報を提供することで，クラウドサービスカスタマは自身が実施する必要がある情報セキュリティ対策を明確にすることができる．

また，クラウドサービスの種類によって，クラウドサービスカスタマ向けのクラウドサービスのための実施の手引に記載されるプロセスにおいて，両者でそれぞれ対策が必要になることがある．例えば，SaaSの場合，マルウェアからの保護は主にクラウドサービスプロバイダの責任になることが多いが，IaaSの場合，クラウドサービスプロバイダはクラウドサービスの提供基盤に対する対策を実施し，クラウドサービスカスタマは自身に割り当てられたクラウドコンピューティング環境に対する対策を実施することになる．

15.1.3　ICTサプライチェーン

JIS Q 27002 の **15.1.3** に定める管理策並びに付随する実施の手引及び関連情報を適用する．次のクラウドサービス固有の実施の手引も適用する．

JIS Q 27002:2014

管理策

供給者との合意には，情報通信技術（以下，ICTという．）サービス及び製品のサプライチェーンに関連する情報セキュリティリスクに対処するための要求事項を含めることが望ましい．

クラウドサービスのための実施の手引

クラウドサービスカスタマ	クラウドサービスプロバイダ
（追加の実施の手引なし）	クラウドサービスプロバイダがピアクラウドサービスプロバイダのクラウドサービスを利用する場合，情報セキュリティ水準を自身のクラウドサービスカスタマに対するものと同等又はそれ以上に保つことを確実にすることが望ましい． クラウドサービスプロバイダは，サプライチェーンでクラウドサービスを提供する場合は，供給者に対して情報セキュリティ目的を示し，それを達成するためのリスクマネジメント活動の実施を要求することが望ましい．

❖解　説

クラウドサービスプロバイダがピアクラウドサービスプロバイダのクラウドサービスを利用してクラウドサービスを提供する場合，そのクラウドサービスの情報セキュリティの水準はいずれかのうちの低い水準になる．クラウドサービスプロバイダはピアクラウドサービスプロバイダの情報セキュリティ水準を自身がクラウドサービスカスタマに提供するサービスの水準以上に保たないと情報セキュリティ水準が保てなくなる．

また，クラウドサービスプロバイダがサプライチェーンに基づいてクラウドサービスの提供を行う場合には，自身の情報セキュリティ目的達成にピアクラウドサービスプロバイダを含むサプライヤー（供給者）が協調するために，その情報セキュリティ目的を示し，おのおのの立場や環境を考慮したリスクマネジメントを要求することが必要である．

15.2　供給者のサービス提供の管理

15.2　供給者のサービス提供の管理

JIS Q 27002 の **15.2** に定める管理目的を適用する．

JIS Q 27002:2014

目的　供給者との合意に沿って，情報セキュリティ及びサービス提供について合意したレベルを維持するため．

15.2.1　供給者のサービス提供の監視及びレビュー

JIS Q 27002 の **15.2.1** に定める管理策及び付随する実施の手引を適用する．

15.2.2　供給者のサービス提供の変更に対する管理

JIS Q 27002 の **15.2.2** に定める管理策及び付随する実施の手引を適用する．

❖解　説

15.2.1，15.2.2 については，それぞれ ISO/IEC 27002（JIS Q 27002）と同様の対策を実施する．

16 情報セキュリティインシデント管理

16.1 情報セキュリティインシデントの管理及びその改善

16 情報セキュリティインシデント管理

16.1 情報セキュリティインシデントの管理及びその改善

JIS Q 27002 の **16.1** に定める管理目的を適用する．

JIS Q 27002:2014

目的 セキュリティ事象及びセキュリティ弱点に関する伝達を含む，情報セキュリティインシデントの管理のための，一貫性のある効果的な取組みを確実にするため．

16.1.1 責任及び手順

JIS Q 27002 の **16.1.1** に定める管理策並びに付随する実施の手引及び関連情報を適用する．次のクラウドサービス固有の実施の手引も適用する．

JIS Q 27002:2014

管理策

情報セキュリティインシデントに対する迅速，効果的かつ順序だった対応を確実にするために，管理層の責任及び手順を確立することが望ましい．

クラウドサービスのための実施の手引

クラウドサービスカスタマ	クラウドサービスプロバイダ
クラウドサービスカスタマは，情報セキュリティインシデント管理についての責任の割当てを検証し，それがクラウドサービスカスタマの要求事項を満たすことを確認することが望ましい．	クラウドサービスプロバイダは，クラウドサービスカスタマとクラウドサービスプロバイダとの間の，情報セキュリティインシデント管理に関する責任の割当て及び手順を，サービス仕様の一部として定めることが望ましい． クラウドサービスプロバイダは，クラウドサービスカスタマに，次のことを含む文書を提供することが望ましい． —クラウドサービスプロバイダがクラウドサービスカスタマに報告する情報セキュリティインシデントの範囲 —情報セキュリティインシデントの検出及びそれに伴う対応の開示レベル —情報セキュリティインシデントの通知を行う目標時間 —情報セキュリティインシデントの通知手順

	—情報セキュリティインシデントに関係する事項の取扱いのための窓口の情報 —特定の情報セキュリティインシデントが発生した場合に適用可能なあらゆる対処

❖解　説

クラウドサービスでは，クラウドサービスプロバイダの運用管理する資源をクラウドサービスカスタマが利用して情報処理を行っている．情報セキュリティインシデントが発生した場合，原因の切り分けや影響への対処について，両者が適切な責任と役割を分担し，対処する必要がある．このため，クラウドサービスプロバイダはあらかじめ情報セキュリティインシデント管理に関する責任の割当て及び手順を定めて，クラウドサービスカスタマと共有する必要がある．クラウドサービスカスタマに割り当てた責任及びそれを果たすための手順はサービス仕様の一部として定め，文書化してクラウドサービスカスタマに提供する．

サービス仕様の一部としてクラウドサービスカスタマに割り当てた責任及び手順に盛り込むべき内容には，クラウドサービスのための実施の手引に記載された事項の内容を盛り込むことが必要である．

16.1.2　情報セキュリティ事象の報告

JIS Q 27002 の **16.1.2** に定める管理策並びに付随する実施の手引及び関連情報を適用する．次のクラウドサービス固有の実施の手引も適用する．

JIS Q 27002:2014

管理策

情報セキュリティ事象は，適切な管理者への連絡経路を通して，できるだけ速やかに報告することが望ましい．

クラウドサービスのための実施の手引

クラウドサービスカスタマ	クラウドサービスプロバイダ
クラウドサービスカスタマは，クラウドサービスプロバイダに，次に示す仕組みに関する情報を要求することが望ましい． —クラウドサービスカスタマが，検知した情報セキュリティ事象をクラウドサービスプロバイダに報告する仕組み —クラウドサービスプロバイダが，検知した情報セキュリティ事象をクラウドサービスカスタマに報告する仕組み —クラウドサービスカスタマが，報告を受けた情報セキュリティ事象の状況を追跡する仕組み	クラウドサービスプロバイダは，次の仕組みを提供することが望ましい． —クラウドサービスカスタマが，情報セキュリティ事象をクラウドサービスプロバイダに報告する仕組み —クラウドサービスプロバイダが，情報セキュリティ事象をクラウドサービスカスタマに報告する仕組み —クラウドサービスカスタマが，報告を受けた情報セキュリティ事象の状況を追跡する仕組み

クラウドサービスのための関連情報

この仕組みでは，手続を規定するだけでなく，クラウドサービスカスタマ及びクラウドサービスプロバイダの両者の連絡先電話番号，電子メールアドレス，サービス時間などの必須の情報も提示することが望ましい．

情報セキュリティ事象は，クラウドサービスカスタマ及びクラウドサービスプロバイダのいずれも検知することがある．そのため，クラウドコンピューティングにおいては，事象を検知した当事者が他の当事者にそれを直ちに報告する手続をもつことも主要な責任として加わる．

❖解　説

クラウドサービスにおける情報セキュリティ事象の検知をクラウドサービスカスタマがすることがある．クラウドサービスカスタマが検知した情報セキュリティ事象の情報をクラウドサービスプロバイダが得ることは，クラウドサービスにおける情報セキュリティ事象の迅速な検知につながりうる．一般的には，カスタマサポートの窓口がそのようなクラウドサービスカスタマからの報告窓口の役割を担うことが多い．また，クラウドサービスのための関連情報にあるように，報告窓口において，クラウドサービスカスタマに関する必要な情報を求めることで，速やかな情報セキュリティ事象の検知に役立てることができる．

また，クラウドサービスカスタマが情報セキュリティ事象を検知した場合に，それがクラウドサービス又はクラウドサービスカスタマデータのどちらに起因するかを分別することが困難な場合がある．このような場合に，クラウドサービスプロバイダが検知したクラウドサービスの情報セキュリティ事象をクラウドサービスカスタマに通知することで，クラウドサービスカスタマの速やかな問題解決を助けることがある．

クラウドサービスの情報セキュリティ事象を報告する仕組みとしては，メールなどでのクラウドサービスカスタマへの通知のほか，クラウドサービスの提供状況を示すダッシュボードなどの活用があげられる．そのような仕組みを運用する際に，情報セキュリティ事象についての継続的な情報提供を行うことで，クラウドサービスカスタマがクラウドサービスの情報セキュリティ事象の状況を追跡することに役立つ．

16.1.3　情報セキュリティ弱点の報告

JIS Q 27002 の **16.1.3** に定める管理策並びに付随する実施の手引及び関連情報を適用する．

16.1.4　情報セキュリティ事象の評価及び決定

JIS Q 27002 の **16.1.4** に定める管理策及び付随する実施の手引を適用する．

16.1.5　情報セキュリティインシデントへの対応

JIS Q 27002 の **16.1.5** に定める管理策並びに付随する実施の手引及び関連情報を適用する．

16.1.6　情報セキュリティインシデントからの学習

JIS Q 27002 の **16.1.6** に定める管理策並びに付随する実施の手引及び関連情報を適用する．

❖解　説

16.1.3～16.1.6 については，それぞれ ISO/IEC 27002（JIS Q 27002）と同様の対策を実施する．

16.1.7　証拠の収集

JIS Q 27002 の **16.1.7** に定める管理策並びに付随する実施の手引及び関連情報を適用する．次のクラウドサービス固有の実施の手引も適用する．

JIS Q 27002:2014

管理策

組織は，証拠となり得る情報の特定，収集，取得及び保存のための手順を定め，適用することが望ましい．

クラウドサービスのための実施の手引

クラウドサービスカスタマ	クラウドサービスプロバイダ
クラウドサービスカスタマ及びクラウドサービスプロバイダは，クラウドコンピューティング環境内で生成される，ディジタル証拠となり得る情報及びその他の情報の提出要求に対応する手続について合意することが望ましい．	

❖解　説

クラウドサービスの種類によっては，クラウドサービスカスタマが情報の一部を収集できることがある．例えば，IaaS の場合は，クラウドサービスカスタマが自らに割り当てられたクラウドコンピューティング環境やクラウドサービスカスタマデータに関する情報を収集することができる．

クラウドサービスプロバイダは，クラウドサービスにおいてクラウドサービスカスタマがクラウドサービスカスタマデータをどの程度管理できるかを考慮して，情報の提出要求に対応する手続きを定めて，クラウドサービスカスタマと合意することが必要である．

17　事業継続マネジメントにおける情報セキュリティの側面

17.1　情報セキュリティ継続

17　事業継続マネジメントにおける情報セキュリティの側面

17.1　情報セキュリティ継続

JIS Q 27002 の **17.1** に定める管理目的を適用する.

JIS Q 27002:2014

目的　情報セキュリティ継続を組織の事業継続マネジメントシステムに組み込むことが望ましい.

17.1.1　情報セキュリティ継続の計画

JIS Q 27002 の **17.1.1** に定める管理策並びに付随する実施の手引及び関連情報を適用する.

17.1.2　情報セキュリティ継続の実施

JIS Q 27002 の **17.1.2** に定める管理策並びに付随する実施の手引及び関連情報を適用する.

17.1.3　情報セキュリティ継続の検証，レビュー及び評価

JIS Q 27002 の **17.1.3** に定める管理策並びに付随する実施の手引及び関連情報を適用する.

❖解　説

17.1.1～17.1.3 については，それぞれ ISO/IEC 27002（JIS Q 27002）と同様の対策を実施する.

17.2　冗　長　性

17.2　冗長性

JIS Q 27002 の **17.2** に定める管理目的を適用する.

JIS Q 27002:2014

目的　情報処理施設の可用性を確実にするため.

17.2.1　情報処理施設の可用性

JIS Q 27002 の **17.2.1** に定める管理策並びに付随する実施の手引及び関連情報を適用する.

❖解　説

17.2.1 については，ISO/IEC 27002（JIS Q 27002）と同様の対策を実施する.

18 順　　守

18.1 法的及び契約上の要求事項の順守

18 順守

18.1 法的及び契約上の要求事項の順守

JIS Q 27002 の **18.1** に定める管理目的を適用する．

JIS Q 27002:2014

目的　情報セキュリティに関連する法的，規制又は契約上の義務に対する違反，及びセキュリティ上のあらゆる要求事項に対する違反を避けるため．

18.1.1 適用法令及び契約上の要求事項の特定

JIS Q 27002 の **18.1.1** に定める管理策及び付随する実施の手引を適用する．次のクラウドサービス固有の実施の手引も適用する．

JIS Q 27002:2014

管理策

各情報システム及び組織について，全ての関連する法令，規制及び契約上の要求事項，並びにこれらの要求事項を満たすための組織の取組みを，明確に特定し，文書化し，また，最新に保つことが望ましい．

クラウドサービスのための実施の手引

クラウドサービスカスタマ	クラウドサービスプロバイダ
クラウドサービスカスタマは，関連する法令及び規制には，クラウドサービスカスタマの法域のものに加え，クラウドサービスプロバイダの法域のものもあり得ることを考慮することが望ましい． クラウドサービスカスタマは，その事業のために必要な，関係する規制及び標準に対するクラウドサービスプロバイダの順守の証拠を要求することが望ましい．第三者の監査人が発行する証明書を，この証拠とする場合がある．	クラウドサービスプロバイダは，クラウドサービスカスタマにクラウドサービスに適用される法域を知らせることが望ましい． クラウドサービスプロバイダは，関係する法的要求事項（例えば，PII 保護のための暗号化）を特定することが望ましい．この情報は，また，求められたときに，クラウドサービスカスタマに提供することが望ましい． クラウドサービスプロバイダは，適用法令及び契約上の要求事項について，現在の順守の証拠をクラウドサービスカスタマに提供することが望ましい．

クラウドサービスのための関連情報

クラウドサービスの提供及び利用に適用される法的及び規制の要求事項は，特に処理，保存及び通信の機能が地理的に分散し，複数の法域が関係し得る場合に，これを特定することが望ましい．

法的又は契約上のいずれであれ，順守の要求事項への対応は，クラウドサービスカスタマにその責任がある点は重要である．順守の責任は，クラウドサービスプロバイダに移転できない．

❖解　説

クラウドサービスはネットワークを通じて国外のデータセンタに容易にデータを保存できるため，契約で規定されている準拠法のみならず，クラウドサービスカスタマデータに対して影響のある法令，規制及び契約上の要求事項について考慮する必要がある．しかし，特にマルチテナントのクラウドサービスにおいては，個々のクラウドサービスカスタマの要求事項を把握し，個別に対応することは困難である．そのため，クラウドサービスプロバイダは，クラウドサービスに適用される法域を知らせることにより，クラウドサービスカスタマが影響を受ける法令，規制及び契約上の要求事項を明確にすることを支援することができる．

また，クラウドサービスカスタマが考慮している適用法令及び契約上の要求事項について，順守の証拠を示すことでクラウドサービスカスタマのクラウドサービス利用を支援することができる．クラウドサービスカスタマの関心が高いものとしては，日本国内の法令の場合，マイナンバー法（“行政手続における特定の個人を識別するための番号の利用等に関する法律”）及び外為法（“外国為替及び外国貿易法”）などが該当する．その他にも政府機関の情報セキュリティ対策のための統一基準（政府調達基準），金融情報システムセンター（The Center for Financial Industry Information Systems：FISC）の“金融機関等コンピュータシステムの安全対策基準”，PCI DSS（Payment Card Industry Data Security Standard）など，特定分野での規制や標準への準拠を考慮することも重要である．また，契約上の要求事項としてはクラウドサービス内で採用しているサードパーティ製品のライセンスによる制約事項が含まれる．

18.1.2　知的財産権

JIS Q 27002 の **18.1.2** に定める管理策並びに付随する実施の手引及び関連情報を適用する．次のクラウドサービス固有の実施の手引も適用する．

JIS Q 27002:2014

管理策

知的財産権及び権利関係のあるソフトウェア製品の利用に関連する，法令，規制及び契約上の要求事項の順守を確実にするための適切な手順を実施することが望ましい．

クラウドサービスのための実施の手引

クラウドサービスカスタマ	クラウドサービスプロバイダ
クラウドサービスに商用ライセンスのあるソフトウェアをインストールすることは，そのソフトウェアのライセンス条項への違反を引き起こす可能性がある．クラウドサービスカスタマは，クラウドサービスにライセンスソフトウェアのインストールを許可する前にクラウドサービス固有のライセンス要求事項を特定する手順をもつことが望ましい．クラウドサービスが弾力性がありスケーラブルで，ライセンス条項で認められる以上のシステム又はプロセッサコアでソフトウェアが動作する可能性がある場合について，特に注意を払うことが望ましい．	クラウドサービスプロバイダは，知的財産権の苦情に対応するためのプロセスを確立することが望ましい．

❖解　説

クラウドサービスプロバイダは，クラウドサービスカスタマによる知的財産権及び権利関係のあるソフトウェア製品の適切な利用を確実にすることは難しい．クラウドサービスの種類にもよるが，特にIaaSの場合には，クラウドサービスカスタマデータに知的財産権及び権利関係のあるソフトウェア製品が含まれていることを検知して管理することは難しい．

一方で，知的財産権のインターネット上での侵害など，権利者が苦情の申し立てをする場合，クラウドサービスを特定できたとしても，クラウドサービスカスタマを特定できないことが多い．したがって，クラウドサービスプロバイダには，対応窓口の設置や対象のクラウドサービスカスタマの特定も含めた苦情対応のプロセスを確立することが必要である．また，ソフトウェア製品の場合には，権利者からの監査要求への対応も含まれる．

18.1.3　記録の保護

JIS Q 27002 の **18.1.3** に定める管理策並びに付随する実施の手引及び関連情報を適用する．次のクラウドサービス固有の実施の手引も適用する．

JIS Q 27002:2014

管理策

記録は，法令，規制，契約及び事業上の要求事項に従って，消失，破壊，改ざん，認可されていないアクセス及び不正な流出から保護することが望ましい．

クラウドサービスのための実施の手引

クラウドサービスカスタマ	クラウドサービスプロバイダ
クラウドサービスカスタマは，クラウドサービスカスタマによるクラウドサービスの利用に関連して，クラウドサービスプロバイダが収集し，保存する記録の保護に関する情報を，クラウドサービスプロバイダに要求することが望ましい．	クラウドサービスプロバイダは，クラウドサービスカスタマによるクラウドサービスの利用に関連して，クラウドサービスプロバイダが収集し，保存する記録の保護に関する情報を，クラウドサービスカスタマに提供することが望ましい．

❖解　説

クラウドサービスのための実施の手引にある“クラウドサービスプロバイダが収集し，保存する記録”は，クラウドサービスプロバイダがクラウドサービスの提供に関して実施している記録を指す．クラウドサービスの機能として，クラウドサービスプロバイダが提供するクラウドサービスカスタマデータのバックアップによって取得されたバックアップデータのみを指すものではなく，クラウドサービスカスタマによってクラウドサービスに対して行われた操作のログなども含まれる．

クラウドサービスプロバイダによるこれらの記録の保存は，クラウドサービスカスタマにとっては意図しないクラウドサービスカスタマデータの保存である．そのため，クラウドサービスプロバイダは，これらの記録をどのように保護しているかという情報のほかに，保存の目的が法令などの要求事項によるものであることを明確に示すことが必要である．

18.1.4　プライバシー及び個人を特定できる情報（PII）の保護

JIS Q 27002 の **18.1.4** に定める管理策並びに付随する実施の手引及び関連情報を適用する．

JIS Q 27002:2014

管理策

プライバシー及び PII の保護は，関連する法令及び規制が適用される場合には，その要求に従って確実にすることが望ましい．

クラウドサービスのための関連情報

ISO/IEC 27018［Code of practice for protection of personally identifiable information (PII) in public clouds acting as PII processors］は，この話題に追加の情報を提供する．

❖解　説

クラウドサービスプロバイダがクラウドサービスカスタマに関する PII（Personally Identifiable Information：個人を特定できる情報）を保護することは，ISO/IEC 27002 の範囲に含まれる．本管理策で対象とする PII は，クラウドサービスによって処理されるものを指し，クラウドサービスの種類によって異なるが，クラウドサービスカスタマ及びクラウドサービスプロバイダそれぞれによって取り扱われるものである．

クラウドサービスプロバイダが PII を取り扱うことは SaaS に多い．PII を扱うクラウドサービスプロバイダは，ISO/IEC 27018 を参考にすることで，PII を保護するための取組みを強化することが期待できる．

18.1.5　暗号化機能に対する規制

JIS Q 27002 の **18.1.5** に定める管理策及び付随する実施の手引を適用する．次のクラウドサービス固有の実施の手引も適用する．

JIS Q 27002:2014

管理策

暗号化機能は，関連する全ての協定，法令及び規制を順守して用いることが望ましい．

クラウドサービスのための実施の手引

クラウドサービスカスタマ	クラウドサービスプロバイダ
クラウドサービスカスタマは，クラウドサービスの利用に適用する暗号による管理策群が，関係する合意書，法令及び規制を順守していることを検証することが望ましい．	クラウドサービスプロバイダは，適用される合意書，法令及び規制の順守をクラウドサービスカスタマがレビューするために，実施している暗号による管理策の記載を提供することが望ましい．

❖解　説

クラウドサービスカスタマは，暗号に関して，輸出管理に関する合意書，法令及び規制などに留意する必要がある．クラウドサービスはネットワークを通じてクラウドサービスカスタマの国外のデータセンタの利用が容易に行えるため，適用される合意書，法令及び規制に関してクラウドサービスカスタマが誤解しやすい．これに対応するため，クラウドサービスプロバイダは，クラウドサービスへ適用される法域を参考に，合意書，法令及び規制などへの適合について情報提供をすることが必要である．日本の輸出管理規制については，経済産業省の通達や関連する情報を参照することも有用である．

18.2　情報セキュリティのレビュー

18.2　情報セキュリティのレビュー

JIS Q 27002 の **18.2** に定める管理目的を適用する．

JIS Q 27002:2014

目的　組織の方針及び手順に従って情報セキュリティが実施され，運用されることを確実にするため．

18.2.1　情報セキュリティの独立したレビュー

JIS Q 27002 の **18.2.1** に定める管理策並びに付随する実施の手引及び関連情報を適用する．次のクラウドサービス固有の実施の手引も適用する．

JIS Q 27002:2014

管理策

情報セキュリティ及びその実施の管理（例えば，情報セキュリティのための管理目的，管理策，方針，プロセス，手順）に対する組織の取組みについて，あらかじめ定めた間隔で，又は重大な変化が生じた場合に，独立したレビューを実施することが望ましい．

クラウドサービスのための実施の手引

クラウドサービスカスタマ	クラウドサービスプロバイダ
クラウドサービスカスタマは，クラウドサービスのための情報セキュリティ管理策及び指針の実施状況がクラウドサービスプロバイダの提示どおりであることについて，文書化した証拠を要求することが望ましい．その証拠は，関係する標準への適合の証明書である場合もある．	クラウドサービスプロバイダは，クラウドサービスプロバイダが主張する情報セキュリティ管理策の実施を立証するために，クラウドサービスカスタマに文書化した証拠を提供することが望ましい． 個別のクラウドサービスカスタマの監査が現実的でない場合，又は情報セキュリティへのリスクを増加させ得る場合，クラウドサービスプロバイダは，情報セキュリティがクラウドサービスプロバイダの方針及び手順に従って実施され，運用されていることの独立した証拠を提供することが望ましい．この証拠は，契約の前に，クラウドサービスの利用が見込まれる者に利用できるようにしておくことが望ましい．クラウドサービスプロバイダが選択した独立した監査は，それが十分な透明性が確保されていることを条件として，クラウドサービスカスタマがもつクラウドサービスプロバイダの運用に対するレビューへの関心を満たすものであることが一般に望ましい．独立した監査が現実的でないとき，クラウドサービスプロバイダは，自己評価を行い，クラウドサービスカスタマにそのプロセス及び結果を開示することが望ましい．

❖解　説

ISO/IEC 27017 の規格作成作業において，監査に関する管理策が必要との提案があった．これは，本書の第5章で説明しているとおり，クラウドサービスはクラウドサービスカスタマとクラウドサービスプロバイダの二つの組織のISMSが協調することが必要であり，そのためには監査を通じてクラウドサービスカスタマがクラウドサービスプロバイダの情報セキュリティ対策の有効性を確認することが不可欠であることが理由である．このような背景で，監査に関する記載を本管理策の実施の手引に記載することとなったものである．

クラウドサービスカスタマは資産の重要部分をクラウドサービスプロバイダの管理下に置くことから，情報セキュリティマネジメントシステムを行うためにクラウドサービスプロバイダへの監査が不可欠である．この監査に必要な適切な証拠を文書として要求することが，クラウドサービスカスタマ向けのクラウドサービスのための実施の手引に記載されている．

クラウドサービスプロバイダは，ISO/IEC 27002に記載されているとおり，経営陣が求めるリスク管理が適切に実施されているかについて，独立した立場からのレビューが必要である．それに加えて，クラウドサービスカスタマからの監査に関する文書要求に対応する必要がある．

クラウドサービスカスタマの要求をどのように受け止めて対応するかがクラウドサービスのための実施の手引に記載されている．

第一の対応は，クラウドサービスカスタマによる個別の監査を許容し，その監査に協力するため，証拠能力のある文書を提供することである．

第二の対応は，クラウドサービスプロバイダが独立した監査を実施して，その結果をクラウドサービスカスタマに開示することである．クラウドサービスでは，一般にクラウドサービスカスタマによる個別の監査は許容されていないため，この対応が求められる．

ISO/IEC 27002の独立したレビューの立場は，組織が定める役割を果たす当事者又はその利害関係者以外の立場を意味する．これは自己評価又は利害関係者による評価のひずみを排除するために求められている．一方，ISO/IEC 27017の独立した立場とは，クラウドサービスの提供におけるクラウドサービスの提供者と利用者のいずれの側にも偏らない立場を意味する．これは，この独立した監査がクラウドサービスカスタマ自身で行う監査の代替手段としての内容をもつ必要があり，かつ，その結果がクラウドサービスプロバイダにとって受け入られる内容であることに起因する．監査自体が透明性を確保し，監査の基準や監査手続きなど，監査の実施内容がクラウドサービスカスタマとクラウドサービスプロバイダの双方を納得させるものでなければならない．

独立した監査では，第三者組織の監査人が全項目について直接テスト（検証作業）を行う必要があることから費用がかかる．このため，特に中小のクラウドサービスプロバイダが実施することは容易ではない．第三の対応は，そのためのものであり，クラウドサービスプロバイダが自己評価（内部監査）を通じて，クラウドサービスプロバイダの情報セキュリティマネジメントが有効に機能していることを確認し，それを証拠として開示するものである．対応がより柔軟性をもつが，監査の内容や結果はクラウドサービスカスタマの直接監査を代替できるものでなければならない．“十分な透明性が確保されていることを条件として，クラウドサービスカスタマがもつクラウドサービスプロバイダの運用に対するレビューへの関心を満たすもの”であることはもとより，自己評価であっても偏りがないことを説明できなければならない．このため，監査のプロセスを開示して，事実認定とその評価の客観性についてクラウドサービスカスタマに説明できることが必要となる．

第5章で述べるとおり，クラウドサービスのための独立した監査や自己評価について，ISO/IEC 27017 の考え方に沿っている監査制度が存在するので，これらの制度を活用することも考えられる．

なお，クラウドサービスプロバイダが情報セキュリティ管理策の実施を立証する文書化した証拠を得ることは，クラウドサービスプロバイダに追加的な情報セキュリティへの投資を行うことでもあり，多くの場合ビジネス上の判断も必要になる．クラウドサービスカスタマ及び潜在的なクラウドサービスカスタマの求めに応じた情報セキュリティ水準と対応する手段を選択することが必要である．

18.2.2　情報セキュリティのための方針群及び標準の順守

JIS Q 27002 の **18.2.2** に定める管理策並びに付随する実施の手引及び関連情報を適用する.

18.2.3　技術的順守のレビュー

JIS Q 27002 の **18.2.3** に定める管理策並びに付随する実施の手引及び関連情報を適用する.

❖解　説

18.2.2, 18.2.3 については, それぞれ ISO/IEC 27002（JIS Q 27002）と同様の対策を実施する.

第5章　ISO/IEC 27017を用いたISMSの実践

5.1　クラウドサービス環境下のISMSの特徴とISO/IEC 27017の働き

クラウドサービス環境下の情報セキュリティマネジメントシステム（Information Security Management Systems，以下“ISMS”という）には，次の二つの特徴がある．

① クラウドサービスプロバイダとクラウドサービスカスタマの二組織が別々にISMSを構築すること

② 両組織のISMSは主要な六つの局面で役割分担や連携をすること

(1)　クラウドサービス環境における二組織のISMSの構築

ISMSの基本形は，単一組織の情報セキュリティに関するマネジメントシステムである．一方，クラウドサービス環境下のISMSに関しては，クラウドサービスプロバイダとクラウドサービスカスタマの二組織が別々にISMSを構築することになる（図5.1を参照）．

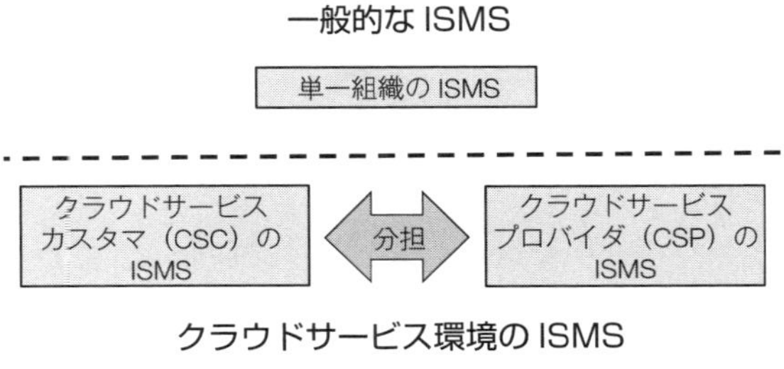

一般的なISMS

単一組織のISMS

クラウドサービスカスタマ（CSC）のISMS

分担

クラウドサービスプロバイダ（CSP）のISMS

クラウドサービス環境のISMS

図5.1　一般的なISMSとクラウドサービス環境のISMSにおける組織の関係

クラウドサービスプロバイダが提供し，クラウドサービスカスタマが利用するクラウドサービスの情報セキュリティを効果的に実施するためには，クラウドサービスプロバイダとクラウドサービスカスタマの双方がISMSに基づいて責任を共有する，あるいは分担した役割を組織間で連携するなどを通じて，情報セキュリティ対策を実施する必要がある．

ISO/IEC 27017はこのISMSの分担をサポートしている．

(2)　ISMSの六つの局面と各組織の役割及び責任の分担

クラウドサービスカスタマの情報セキュリティはクラウドサービスプロバイダが提供する情報セキュリティに依存している．このため，クラウドサービスプロバイダはクラウドサービスカスタマの要求に応じて情報セキュリティ対策支援を行う必要がある．

クラウドサービスカスタマの要求に対するクラウドサービスプロバイダの情報セキュリティ対策支援が有効に機能するためには，双方の組織が次に示す主要な六つの局面において，相互のISMSの活動に関して適切に連携する必要がある．

局面1　クラウドサービスの合意

局面2　クラウドサービスの情報セキュリティ方針設定

局面3　情報セキュリティ目的及び目標の設定

局面4　リスクアセスメントの実施

局面5　管理策の導入・運用

局面6　監視・測定・分析・評価の実施

この六つの局面はISMSの構築と運用の段階に応じて，次の二つに大別できる（図5.2を参照）．

① “局面1クラウドサービスの合意”及び“局面2クラウドサービスの情報セキュリティ方針設定”は，クラウドサービスの（仕様）検討及び選定の段階で，クラウドサービスプロバイダが提示したクラウドサービスの提供項目，仕様，サービスレベル，提供方針及び利用方針について，クラウ

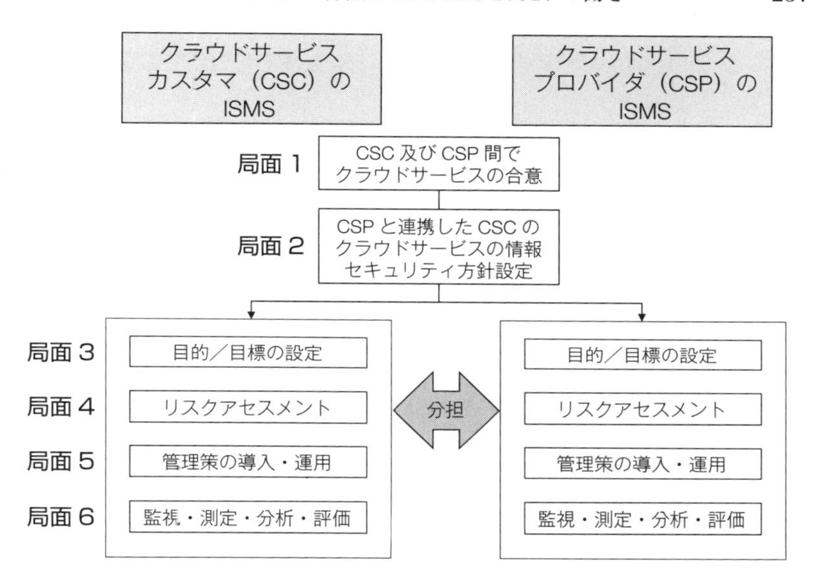

図 5.2　クラウドサービス環境におけるISMSの六つの局面

ドサービスカスタマが確認し，選択すること（これを“合意”という）を通じて決定する．

② 局面３以降は，局面１及び局面２で決定した“クラウドサービス合意事項”と“クラウドサービスの情報セキュリティ方針”に基づいて，クラウドサービスプロバイダ及びクラウドサービスカスタマがクラウドサービスの提供又はクラウドサービスの利用に伴う情報セキュリティ対策を，基本的には独立した立場から役割や機能を分担し，相互に情報を交換しながら実施する．

以下では，ISMSの局面ごとにISO/IEC 27017をどのように活用するか，活用方法について解説する．

5.2　クラウドサービス合意におけるISO/IEC 27017の活用

5.2.1　クラウドサービス開始時における枠組みの設定

クラウドサービス開始時に，次の2項目に関する取決めにより，情報セキュリティ対策の枠組みを設定する．

①　クラウドサービスに関する二組織間での契約の締結（サービスの合意）

②　クラウドサービスに関する二組織間での組織の役割及び責任の明確化

5.2.2　クラウドサービスに関する契約の締結（サービスの合意）

クラウドサービスの開始時においては，クラウドサービスプロバイダとクラウドサービスカスタマが契約を締結する．この契約締結によって，情報セキュリティに関する役割及び責任の分担も合意されることになる．

クラウドサービスの契約は，次の手順1から手順4に沿って行われる．

手順1　クラウドサービスカスタマがクラウドサービスを利用する際，自組織が要求する要求事項と要求レベルを決定する．

なお，クラウドサービスカスタマ要求事項については，次の(1)で述べる．

手順2　クラウドサービスカスタマは当該要求事項と要求レベルに適合したクラウドサービスプロバイダを選択する．この段階でクラウドサービスプロバイダがあらかじめ開示している情報セキュリティに関する役割及び責任，並びにクラウドサービスカスタマに対する支援の内容（情報提供や機能提供など）を確認する．なお，クラウドサービスプロバイダの情報セキュリティに関する提示内容については，次の(2)（241ページを参照）で述べる．

手順3　クラウドサービスカスタマは，選択したクラウドサービスが自身の要求事項及び要求レベルを満足しない場合，クラウドサービスプロバイダが提供するオプションサービスなどの導入や他のクラウドサービスの利用を検討する．オプションサービスなどで要求事項が満たされない場合には，クラウドサービスカスタマが自ら情報セキュリティ対策を補う．

手順4　クラウドサービスプロバイダは，契約に基づいてクラウドサービスをクラウドサービスカスタマに提供する．

なお，クラウドサービスプロバイダは，複数のクラウドサービスカスタマのサービスの要求事項及びサービスレベルを考慮し，より充実した情報セキュリティ対策を施したクラウドサービスを開発して提供することもある．この場合には，クラウドサービスカスタマが再度手順1から手順4の要領でクラウドサービスを選択して利用する．

(1)　クラウドサービスカスタマの情報セキュリティ要求事項

クラウドサービスカスタマの情報セキュリティ要求事項に関しては，"15.1.2 供給者との合意におけるセキュリティの取扱い" に記載がある．

15.1.2のクラウドサービスカスタマ向けのクラウドサービスのための実施の手引では，役割分担における確認事項として，次の内容が列挙されているので，クラウドサービスカスタマは実際の確認の際に用いるとよい［(　) の数字はISO/IEC 27017の箇条の番号を示す．番号のないものはISO/IEC 27002を参照のこと］．

—マルウェアからの保護
—バックアップ（12.3.1）
—暗号による管理策（10.1.1）
—ぜい弱性管理（12.6.1）
—インシデント管理（16.1.1，16.1.2，16.1.7）
—技術的順守の確認
—セキュリティ試験
—監査（18.2.1）
—ログ及び監査証跡を含む，証拠の収集，保守及び保護（12.4.1，12.4.3，

16.1.7，18.1.3)

—サービス合意の終了時の情報の保護（CLD.8.1.5）

—認証及びアクセス制御（9.2.4，9.4.1）

—アイデンティティ管理及びアクセス管理（9.2.3）

上記に関連するISO/IEC 27017の該当部分は表5.1のとおりである．クラウドサービスカスタマは，同表の各箇条の内容に基づくことで基本的な要求事項が整理できる．ISO/IEC 27017の他の管理策にも情報セキュリティに関してクラウドサービスカスタマに要求する事項の記載があるので，必要に応じて参照するとよい．

なお，同表に記載のない管理策については，ISO/IEC 27002を参照されたい．

表5.1　クラウドサービスカスタマ要求事項に関連する主な管理策

箇　条	管理策	ポイント
CLD.8.1.5	クラウドサービスカスタマの資産の除去	資産の返却及び除去，並びにこれらの資産のすべての複製の削除を含む，サービスプロセスの終了に関する要求を文書化する．
9.2.3	特権的アクセス権の管理	クラウドサービス実務管理者に管理権限を与える認証に対して，リスクに応じた強い認証技術が使えることを確認する．
9.2.4	利用者の秘密認証情報の管理	秘密認証情報を割り当てるための，クラウドサービスプロバイダの管理手順を検証できることを確認する．
9.4.1	情報へのアクセス制限	クラウドサービスにおける情報へのアクセスをアクセス制御方針に従って制限できることを確認する．
10.1.1	暗号による管理策の利用方針	暗号化が必要な場合，暗号機能が提供されることを確認する．提供される場合に要求レベルを満たすことを確認する．
12.3.1	情報のバックアップ	バックアップ機能が提供されることを確認する．提供される場合にはその仕様を確認する．

表 5.1　(続き)

箇　条	管理策	ポイント
12.4.1	イベントログ取得	イベントログ取得の要求事項を定義し，それが満たされることを検証する.
12.4.3	実務管理者及び運用担当者の作業ログ	特権的な操作が委譲されている場合，それに関連するログの取得機能が適切であることを評価する.
12.6.1	技術的ぜい弱性の管理	技術的ぜい弱性の管理に関する情報を要求する.
16.1.1	責任及び手順（情報セキュリティインシデント管理)	情報セキュリティインシデント管理についての責任の割当てを検証する.
16.1.2	情報セキュリティ事象の報告	情報セキュリティ事象の情報交換及びそのトレースに関する仕組みに関する情報を要求する.
16.1.7	証拠の収集	ディジタル証拠となりうる情報及びその他の情報の提出要求に対応する手続きについて合意する.
18.1.3	記録の保護	クラウドサービスプロバイダが収集，保存する記録の保護に関する情報を要求する.
18.2.1	情報セキュリティの独立したレビュー	クラウドサービスプロバイダの情報セキュリティ管理策及び指針の実施状況が提示どおりであることについて，文書化した証拠を要求する.

(2)　クラウドサービスプロバイダの情報セキュリティの提示内容(事前準備)

クラウドサービスプロバイダは，上記(1)の内容を念頭に役割及び責任を事前に整理し，クラウドサービスカスタマに対する情報セキュリティに関する機能提供や情報提供の内容を提示するとよい．上記(1)の項目に関連する ISO/IEC 27017 の内容を表 5.2 に示す．同表は合意に関する基礎的な内容である．クラウドサービスカスタマに対して，より充実した支援を行う場合には，ISO/IEC 27017 の他の管理策を参照する必要がある.

なお，クラウドサービスカスタマに情報セキュリティの提示に関する管理策は提供するクラウドサービスの事業リスク及び情報セキュリティリスクの受容水準によって選択することができる.

表 5.2　クラウドサービスプロバイダの提示内容に関する主な管理策

箇　条	管理策	ポイント
CLD.8.1.5	クラウドサービスカスタマの資産の除去	資産の返却及び除去についての取決めを合意文書の中に記載し，機を逸することなく実施する．
9.2.3	特権的アクセス権の管理	クラウドサービス実務管理者がその役割を行えるように，クラウドサービスカスタマが特定するリスクに応じた，十分に強い認証技術を提供する．
9.2.4	利用者の秘密認証情報の管理	クラウドサービスカスタマの秘密認証情報の管理のための手順について情報を提供する．
9.4.1	情報へのアクセス制限	クラウドサービス機能及びクラウドサービスカスタマデータへのアクセスをクラウドサービスカスタマに制限できるアクセス制御を提供する．
10.1.1	暗号による管理策の利用方針	クラウドサービスプロバイダの暗号を利用する環境とクラウドサービスカスタマ自らの暗号による保護を適用することを支援するために提供する機能についての情報とをクラウドサービスカスタマに提供する．
12.3.1	情報のバックアップ	バックアップ機能の仕様を提供する．
12.4.1	イベントログ取得	ログ取得機能を提供する．
12.6.1	技術的ぜい弱性の管理	技術的ぜい弱性の管理に関する情報をクラウドサービスカスタマが利用できるようにする．
16.1.1	責任及び手順（情報セキュリティインシデント管理）	情報セキュリティインシデント管理に関する責任の割当て及び手順をサービス仕様の一部として定める．
16.1.2	情報セキュリティ事象の報告	情報セキュリティ事象の情報交換及びそのトレースに関する仕組みを提供する．
16.1.7	証拠の収集	ディジタル証拠となりうる情報及びその他の情報の提出要求に対応する手続きについて合意する．
18.1.3	記録の保護	クラウドサービスカスタマに関連して，クラウドサービスプロバイダが収集，保存する記録の保護に関する情報を提供する．
18.2.1	情報セキュリティの独立したレビュー	情報セキュリティ管理策の実施を立証するために，クラウドサービスカスタマに文書化した証拠を提供する．

5.2.3　クラウドサービス環境における役割及び責任の明確化

ISO/IEC 27017 の“CLD.6.3.1 クラウドコンピューティング環境における役割及び責任の共有及び分担”及び“6.1.1 情報セキュリティの役割及び責任”には，クラウドサービス環境におけるおのおのの組織内の役割及び責任，クラウドサービスプロバイダとクラウドサービスカスタマとの間での役割及び責任を明確に定義し，どのように分担するかを“文書化して伝達すること”と記載されている．

このうち，二組織間の ISMS が連携するためには，クラウドサービスプロバイダとクラウドサービスカスタマとの間での役割及び責任の合意が重要である．このため，前述した 5.2.2 項(2)の内容をクラウドサービスプロバイダが文書（ウェブサイトでの掲載を含む）でまず開示することが重要である．

クラウドサービスカスタマは，前述した 5.2.2 項(1)に従って開示された情報を確認し，自身の対策を含めて要求事項が満たされると判断した場合に契約を締結する．これによって，クラウドサービスプロバイダとクラウドサービスカスタマとの間での役割及び責任の合意が成立する．

5.3　クラウドサービスの情報セキュリティ方針設定における ISO/IEC 27017 の活用

5.3.1　組織の情報セキュリティ方針に基づく規定体系

クラウドサービスカスタマとクラウドサービスプロバイダは，双方にわたる情報セキュリティ対策の役割及び責任に基づいて，情報セキュリティ方針群（情報セキュリティ方針，情報セキュリティ標準，情報セキュリティ手順）を定める必要がある．また，クラウドサービスプロバイダはクラウドサービスカスタマの情報セキュリティ方針群策定のために，自身の情報セキュリティ方針群のうち，必要な部分を開示する必要がある（図 5.3 を参照）．

クラウドサービスプロバイダは，組織としての情報セキュリティ方針を拡充し，クラウドサービスの提供及び利用に取り組むために，情報セキュリティ方

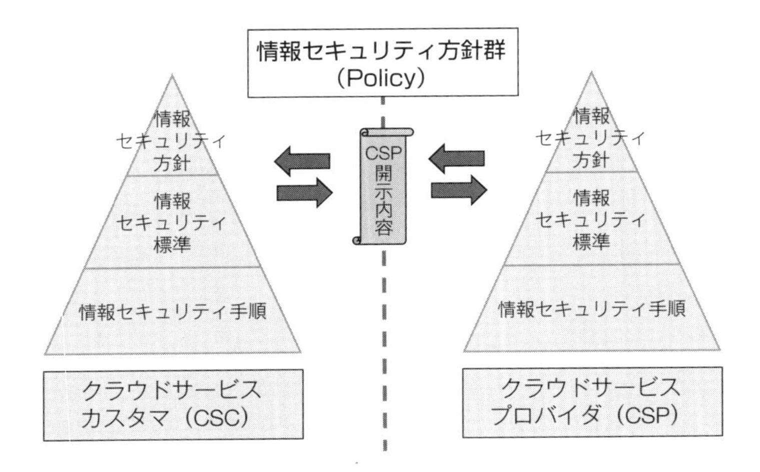

図 5.3 クラウドサービスカスタマとクラウドサービスプロバイダの情報セキュリティ方針の関係性

針群に対して，クラウドサービスの設計及び実装に適用する最低限の情報セキュリティ要求事項やアクセス制御手順などを定義する．これに基づいて，クラウドサービスカスタマに開示すべき内容を定義し，合意書の一部としてクラウドサービスカスタマの利用に供する．

クラウドサービスカスタマは，クラウドコンピューティングのための情報セキュリティ方針群をトピック固有の方針として定義する．この際，クラウドサービスプロバイダからクラウドサービス合意書の一部として開示された提供側の情報セキュリティ方針群に関する情報に基づき，情報セキュリティ方針群を定義することで，クラウドサービスプロバイダとの連携を図るようにすることが必要である．

なお，この情報セキュリティ方針群には，組織内におけるクラウドサービスユーザやクラウドサービス実務管理者などの使用方針や運用方針も定義する．

5.3.2 ISO/IEC 27017 における規定体系に関する事項

ISO/IEC 27017 のクラウドサービスのための実施の手引の中で，クラウド

表 5.3　クラウドサービスカスタマの規定体系に関する主な項目

規定体系に関する項目	管理策	内　　容
①　情報セキュリティ基本方針及び方針群	5.1.1 情報セキュリティのための方針群	クラウドコンピューティングのための情報セキュリティ方針をクラウドサービスカスタマのトピック固有の方針として定義すること
②　ネットワークサービス利用のためのアクセス制御方針	9.1.2 ネットワーク及びネットワークサービスへのアクセス	ネットワークサービス利用のためのアクセス制御方針には，利用するそれぞれのクラウドサービスへの利用者アクセスの要求事項を定めること
③　情報へのアクセス制御方針	9.4.1 情報へのアクセス制限	クラウドサービスにおける情報へのアクセスをアクセス制御方針に従って制限できること
④　暗号による管理策の利用方針	10.1.1 暗号による管理策の利用方針	クラウドサービスの利用において暗号による管理策を実施する．その際，特定したリスクを低減するために十分な強度をもつものであること
⑤　セキュリティに配慮した開発の方針	14.2.1 セキュリティに配慮した開発のための方針	クラウドサービスプロバイダが適用しているセキュリティに配慮した開発の手順及び実践に関する情報をクラウドサービスプロバイダに要求すること
⑥　供給者関係のための情報セキュリティの方針	15.1.1 供給者関係のための情報セキュリティの方針	クラウドサービスプロバイダを供給者の一つとして，供給者関係のための情報セキュリティの方針に含めること

サービスカスタマの情報セキュリティ方針を含む規定体系に関する管理策は表 5.3 のとおりである．

クラウドサービスカスタマが情報セキュリティ方針を策定する際は，これらの管理策を参照するとよい．

一方，クラウドサービスプロバイダに関連する情報セキュリティ方針を含む規定体系に関する項目について，ISO/IEC 27017 の実施の手引に記載のある管理策は表 5.4 のとおりである．同表の①から④の管理策については，クラウドサービスカスタマ向けのクラウドサービスのための実施の手引にもクラウドサービス固有の実施の手引が記載されており，参照することが望ましい．

また，クラウドサービスプロバイダが情報セキュリティ方針を策定する際には，これらの管理策を参照するとよい．

表5.4　クラウドサービスプロバイダの規定体系に関する主な項目

規定体系に関する項目	管理策	内　容
①　情報セキュリティ基本方針及び方針群	5.1.1 情報セキュリティのための方針群	クラウドサービスの提供及び利用に取り組むため，情報セキュリティ方針を拡充すること（例えば，クラウドサービスの設計及び実装に適用する，最低限の情報セキュリティ要求事項，アクセス制御手順）
②　情報へのアクセス制御方針	9.4.1 情報へのアクセス制限	クラウドサービスへのアクセス，クラウドサービス機能へのアクセス及びサービスで保持するクラウドサービスカスタマデータへのアクセスをクラウドサービスカスタマが制限できるようにアクセス制御を提供すること
③　暗号による管理策の利用方針	10.1.1 暗号による管理策の利用方針	クラウドサービスプロバイダが処理する情報を保護するために，暗号を利用する環境に関する情報をクラウドサービスカスタマに提供すること
④　セキュリティに配慮した開発の方針	14.2.1 セキュリティに配慮した開発のための方針	クラウドサービスプロバイダは，開示方針に合致する範囲で，適用しているセキュリティに配慮した開発の手順及び実践に関する情報を提供すること
⑤　仮想及び物理ネットワークの整合性	CLD.13.1.4 仮想及び物理ネットワークのセキュリティ管理の整合	物理ネットワークの情報セキュリティ方針と整合の取れた，仮想ネットワークを設定するための情報セキュリティ方針を定義し，文書化すること

5.4 情報セキュリティ目的及び目標の設定における ISO/IEC 27017 の活用

5.4.1 クラウドサービス環境における情報セキュリティ目的及び目標設定の流れ

クラウドサービスプロバイダ及びクラウドサービスカスタマは，それぞれの組織が独立して情報セキュリティ目的及び目標を設定し，行動する．

まず，複数のクラウドサービスカスタマのサービスの要求事項及びサービスレベルを考慮したクラウドサービスの要求事項及びクラウドサービスレベルをクラウドサービスプロバイダが達成するように情報セキュリティ目的及び目標を設定し，クラウドサービスを提供する．

クラウドサービスカスタマは，クラウドサービスを利用する際，自組織が設定した情報セキュリティ目的及び目標を達成するように，当該情報セキュリティ目的及び目標の達成レベルに適合したクラウドサービスプロバイダを選択する．ただし，選択対象となるクラウドサービスがクラウドサービスカスタマの情報セキュリティ目的及び目標の要求レベルを満足しない場合には，クラウドサービスカスタマ側で情報セキュリティ対策の追加が必要となる．

5.4.2 クラウドサービスプロバイダの情報セキュリティ目的及び目標の設定例

クラウドサービスプロバイダの情報セキュリティ目的及び目標の設定について，例に基づいて考えてみると，以下のとおりとなる．

(1) クラウドサービスプロバイダ事業組織全体の情報セキュリティ目的及び目標

ISMS においては，事業組織の最高位の目的及び目標として，情報セキュリティ目的及び目標を設定し，組織の各部署や組織の構成員がそれらに基づいて行動する．一般的に，事業組織は組織全体の経営目的を展開し，情報セキュリティ目的を設定する．例えば，事業目的である“お客様満足度の向上”を踏まえて“お客様に影響するインシデントを減らし，クラウドサービスの信頼性の確保”を情報セキュリティ目的とする．この目的を達成するために当期の目標を，例えば，“インシデントを前年比50%に削減”というように設定する．

(2)　事業組織内部における目的及び目標の展開

組織の最高位の情報セキュリティ目的に従って，クラウドサービスプロバイダの事業を達成するために，事業を担う営業部門とクラウドサービス事業部門が各部門の情報セキュリティ目的を設定する（図5.4を参照）．

クラウドサービス事業部門では，“事業組織全体のインシデントを前年比50%に削減”という目標を受け，“年間サービス稼働率99.5%”をコミットするSLAを作成し，合意書に含める．

一方，営業部門では，クラウドサービスのインシデントの削減に直接貢献できないため，サービスの信頼性を高める他の目標として，例えば“営業部員の

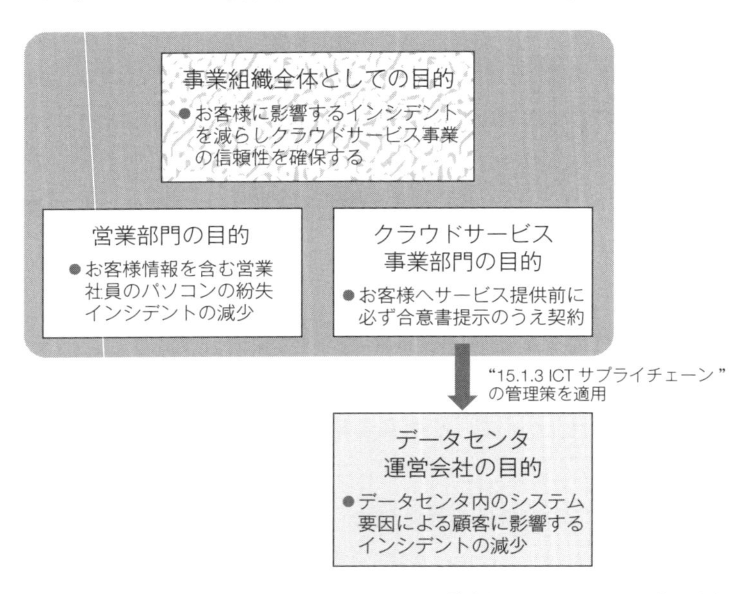

図5.4　クラウドサービスプロバイダの情報セキュリティ目的の例

パソコンの紛失インシデントの減少”を立てる.

(3)　データセンタの情報セキュリティ目的

仮に，クラウドサービス事業部門が外部の運営会社が提供するデータセンタを利用しているとする.

クラウドサービス事業部門は，ISO/IEC 27017の“15.1.3 ICTサプライチェーン”に基づいて，“供給者に対して情報セキュリティ目的を示し，それを達成するためのリスクマネジメント活動の実施”を要求する.

これを受けて，データセンタ運営会社は“データセンタ内のシステム要因によるクラウドサービス事業の顧客に影響するインシデントの減少”を情報セキュリティ目的とし，この情報セキュリティ目的を達成するために，“データセンタ内のインシデントの発生頻度を前年比50%”を目標として定める.

以上を通じて，組織全体がクラウドサービス事業に関連する情報セキュリティ目的及び目標達成に向けて活動を開始する.

5.5　クラウドサービスのリスクアセスメントの実施における ISO/IEC 27017の活用

5.5.1　クラウドサービス環境におけるリスクアセスメント

ISMSは，マネジメントシステムをもとにリスクアセスメント及びリスク対応を組み入れて，ISMSを体系的に実施する仕組みである．ISMSにおけるリスク把握のプロセスにおいては，最初に組織として情報セキュリティリスクアセスメントを実施する．情報セキュリティリスクアセスメントは，ISO/IEC 27001の“6.1.2 情報セキュリティリスクアセスメント”に規定されたリスク特定とリスク分析，リスク評価を行うものである．その結果はISO/IEC 27001の“6.1.3 情報セキュリティリスク対応”に対する情報セキュリティリスク対応のためのインプットとして，対応策の優先順位付けに用いられる.

クラウドサービス環境においては，クラウドサービスカスタマの情報セキュリティ対策は，クラウドサービスプロバイダの情報セキュリティ対策に依存している．クラウドサービスカスタマは，クラウドサービスプロバイダ側から情報セキュリティに関する十分な情報と機能の提供を得られないと，満足なリスクアセスメントとリスク対応を実施できない．このため，クラウドサービスカスタマが必要十分な情報及び機能の提供をクラウドサービスプロバイダに求める必要がある．

図5.5は，クラウドサービス環境におけるリスクアセスメントとリスク対応のプロセスを示すものである．クラウドサービスカスタマは，クラウドサービスプロバイダに対して情報セキュリティに関する情報や機能を要求し，クラウドサービスプロバイダがその要求に対して，クラウドサービスカスタマへ対応した情報や機能を提供することが期待されている．

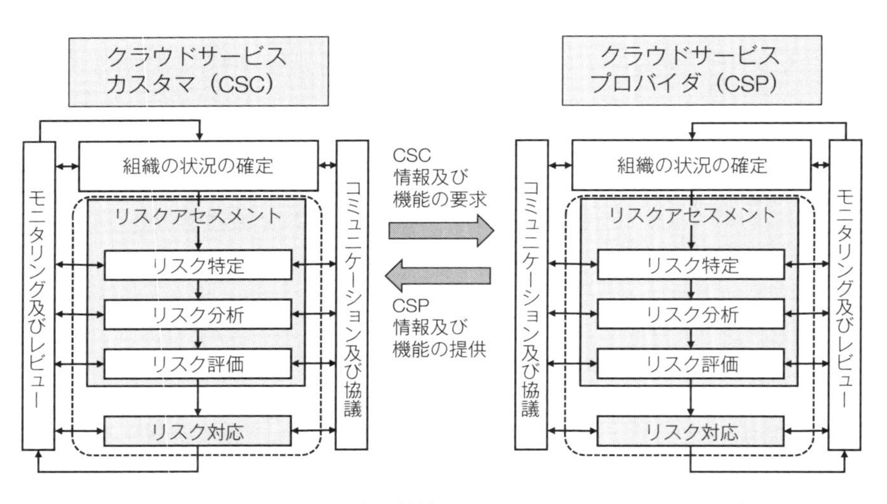

図5.5　クラウドサービス環境におけるリスクアセスメントとリスク対応のプロセスの関係

5.5.2　クラウドサービスにおけるリスクアセスメントの例

ここでは，クラウドサービスにおけるリスクアセスメントを例示して説明する.

リスクとは“目的に対する不確かさの影響”である. 情報セキュリティリスクは, 情報セキュリティ目的である“情報の‘機密性：Confidentiality・完全性：Integrity・可用性：Availability’(CIA) の維持”に対して, 今後生じるおそれのある周辺状況の変化などが与える影響である. この関係を図 5.6 に示す.

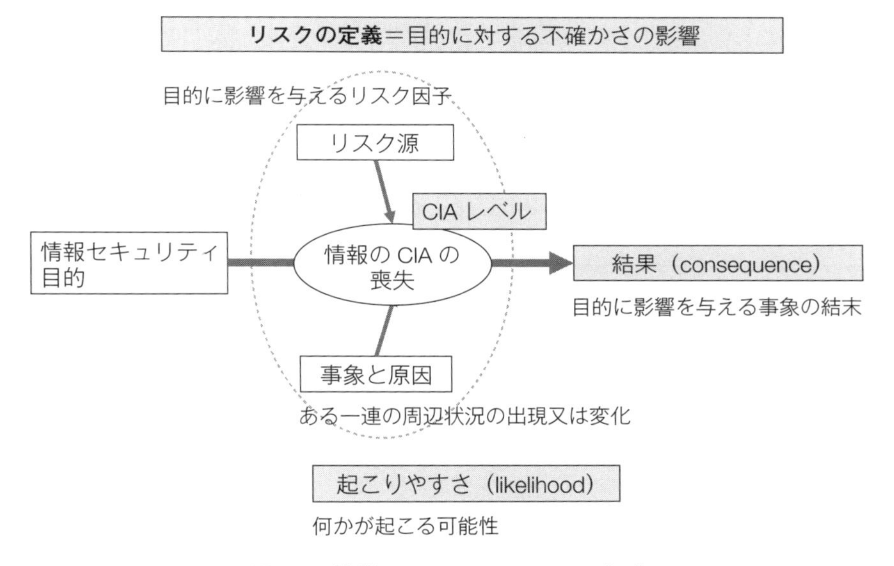

図 5.6　情報セキュリティリスクの概念

ここでは, 顧客の情報紛失へ対応するため, クラウドサービスプロバイダが取得しておいたバックアップをクラウドサービスカスタマに提供したところ, リストアが不調でデータが復元できないという想定をしてみよう. この想定に基づいてリスクを考えると図 5.7 のようになる.

この想定におけるリスク源は, 提供したバックアップのプログラムがこの組織に特有のものであったため, 顧客の環境で稼働しなかったことにある. この結果, 情報は失われ, 顧客の事業継続ができず, 信頼を喪失する事態となった.

このリスクに対するアセスメントを実施した例を図 5.8 に示す.

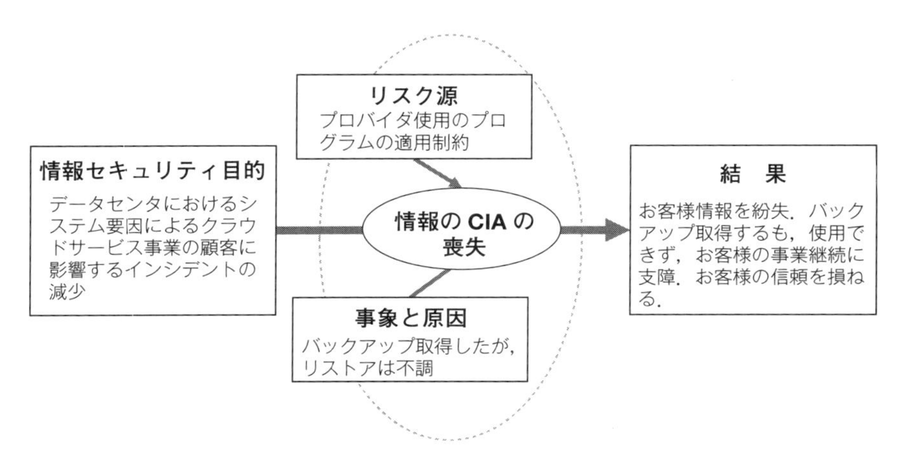

図 5.7 バックアップに伴う情報セキュリティリスク

ステップ	クラウドサービスカスタマ		クラウドサービスプロバイダ（データセンタ）
情報セキュリティ目的	サービスの使用可能性（availability）を基準（criteria）以上とする．		システム要因によるクラウドサービス事業の顧客に影響するインシデントの減少
リスクアセスメント対象	異なるサービス間の整合性（データ破壊したクラウドサービスの使用を中止して別システムに移行．取っていたバックアップデータを使用してシステムの継続を実施）		
事　象	① データ破壊によるシステム停止 ③ バックアップデータの使用を試みたが，できなかった．	→ ←	② クラウドサービスカスタマにバックアップデータを提供 ④ クラウドサービスカスタマの環境でバックアップデータが利用できない事象を確認
リスク源	バックアップテストの未実施	→ ←	バックアップデータに，特定の開発業者のソフトウェアを含んでいる（クラウドサービスプロバイダのロックイン）
結　果	システム使用ができず，結果的に業務が停止		提供する環境でシステム停止が発生し，再開できない．

図 5.8 クラウドサービス環境におけるリスクアセスメントの例

この例では，クラウドサービスカスタマがデータ破壊によるシステム停止を起こし，クラウドサービスプロバイダに支援要請を行うということを契機としている．これに対応し，クラウドサービスプロバイダがバックアップデータをクラウドサービスカスタマに提供する．しかし，クラウドサービスカスタマは，通常の手順ではバックアップが復元できない症状が生じた．この点はクラウドサービスプロバイダも確認できた．

バックアップに関するリスク分析*1 の結果，バックアッププログラムがこの事業者固有のもので，他の環境では稼働しない状況，いわゆるベンダーロックインの状況にあることがわかった．一方，クラウドサービスカスタマがバックアップテストを行っていないという状況も判明した．つまり，クラウドサービスカスタマとクラウドサービスプロバイダの双方に原因があるという結果である．

この例のように，クラウドサービス利用に関するリスク源はクラウドサービスカスタマとクラウドサービスプロバイダの双方に存在する可能性がある．リスクアセスメントを行う際には，相手方のリスク源も考慮して行うとよい．

クラウドサービスカスタマとクラウドサービスプロバイダの双方のリスク源を整理したものとして，表 5.5 に示す ITU-T（International Telecommunication Union — Telecommunication Standardization Sector：国際電気通信連合 電気通信標準化部門）がまとめた資料がある．

なお，ISO/IEC 27017 の附属書 B には，上記をはじめとするクラウドのリスクに関する参考資料が掲載されている．また，我が国では経済産業省が行った調査結果*2 が活用できる．これらの資料を活用して，クラウドサービスプロバイダとクラウドサービスカスタマとが連携し，リスクアセスメントを行うことが望ましい．

---

*1 なぜデータ破壊が生じたかについては，別のリスク分析の対象となる．

*2 クラウドサービスにおけるリスクと管理策に関する有識者による検討結果　2011 年度版，pp.3–4［平成 23 年度企業・個人の情報セキュリティ対策促進事業（グローバルなクラウドセキュリティ監査の利用促進），経済産業省］
http://jcispa.jasa.jp/downloadf/pdf2012/2012_cloud_doc04.pdf

表 5.5　クラウドサービスにおける主なリスク源

	クラウドサービスカスタマ（CSC）	クラウドサービスプロバイダ（CSP）
リスク源 (Security challenges, threats of ITU-T X.1601, Security framework for cloud computing)	・責任の曖昧さ ・信頼の喪失 ・ガバナンスの喪失 ・プライバシーの喪失 ・サービスの非有用性 ・クラウドサービスプロバイダのロックイン ・知的資産の不正流用 ・ソフトウェアの完全性喪失 ・データの喪失及び漏えい ・セキュリティの確保されていないサービスアクセス ・内部者の脅威	・責任の曖昧さ ・クラウドサービスの共有環境 ・保護の仕組み不整合と不一致 ・司法権の違い ・リスクの影響の拡大 ・悪いシステム移行や統合 ・ビジネスの中断 ・クラウドサービスパートナのロックイン ・サプライチェーンにおける障害 ・ソフトウェアの依存性 ・不正な管理者権限のアクセス ・内部者の脅威

（ITU-T X.1601 Security framework for cloud computing をもとに作成）

5.6　クラウドサービスの管理策の導入・運用における ISO/IEC 27017の活用

リスク対応には，リスク回避やリスク受容，リスク源の除去など，いくつかの選択肢がある．その重要な一つが“管理策の導入によって起こりやすさを変えること”である．管理策は，前述したリスクアセスメントの結果に基づいて，個々のリスクについてその起こりやすさを小さくするための施策として選択される．

(1)　二組織で連携した管理策の実施例

ここでは，ISO/IEC 27017の“12.3.1 情報のバックアップ”を取り上げ，クラウドサービスカスタマ及びクラウドサービスプロバイダが連携した管理策の例を説明する．

前述したリスクアセスメントの結果によれば，クラウドサービスカスタマについては“バックアップテストの未実施”，クラウドサービスプロバイダについては“バックアップデータに特定の開発業者のソフトウェアを含んでいること”，つまり，クラウドサービスプロバイダのロックインがリスク源として特定された．

12.3.1 の管理策は“情報，ソフトウェア及びシステムイメージのバックアップは，合意されたバックアップ方針に従って定期的に取得し，検査することが望ましい”である．

クラウドサービスプロバイダはこれに基づいて，定期的にバックアップを取得し，検査する．仮に，その結果リストアに成功していても十分とはいえない．クラウドサービスプロバイダの組織内では合意されたバックアップ方針であっても，クラウドサービスプロバイダとクラウドサービスカスタマの組織間で合意したバックアップ方針になっているかどうかをさらに確認する必要がある．

これについては，ISO/IEC 27017 の 12.3.1 のクラウドサービスのための実施の手引を参照するとよい．クラウドサービスプロバイダ向けのクラウドサービスのための実施の手引では“クラウドサービスカスタマにバックアップ機能の仕様を提供すること”が求められている．その仕様には“バックアップ機能の試験手順”が含まれる．

クラウドサービスカスタマが定期的検査としてバックアップテストをするためには，ISO/IEC 27017 の 12.3.1 のクラウドサービスカスタマ向けのクラウドサービスのための実施の手引に基づいて対策を行う必要がある．この実施の手引では，クラウドサービスカスタマは“クラウドサービスプロバイダがクラウドサービスの一部としてバックアップ機能を提供する場合，クラウドサービスプロバイダにバックアップ機能の仕様を要求すること，その仕様がバックアップに関する要求事項を満たすことを検証すること”を求めている．

仮に，クラウドサービスカスタマが提供されたバックアップ機能の試験手順に従ってバックアップテストを実施し，バックアップの要求事項を満たしていることを検証すれば，不備が発見できる．さらに，これに対応するため，クラウドサービスプロバイダとクラウドサービスカスタマとの間で合意したバックアップ方針をあらためて作成する必要も認識できる．

以上のプロセスを示したものが図5.9である．

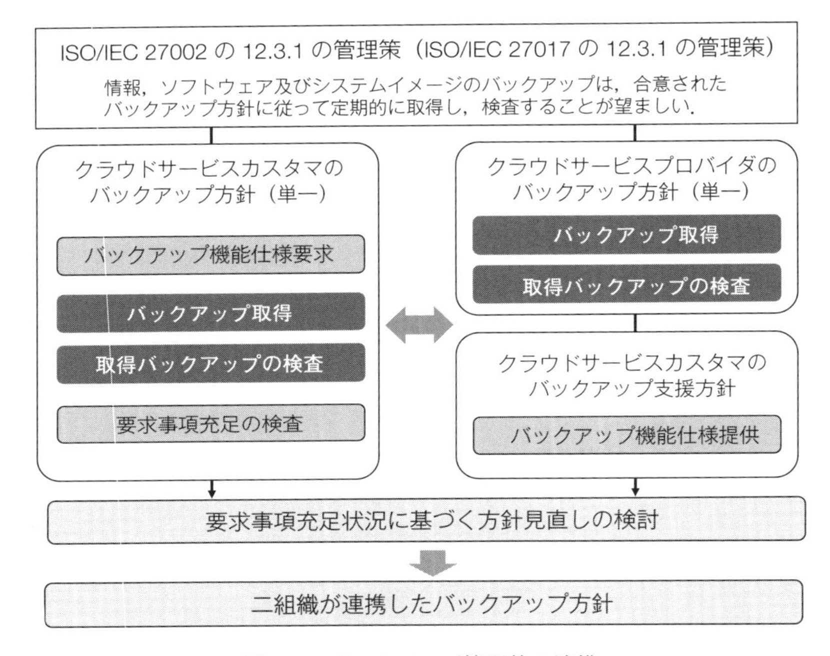

図5.9　バックアップ管理策の連携

新たなバックアップ方針は，クラウドサービスカスタマが自身でバックアップをとる，クラウドサービスプロバイダがクラウドサービスカスタマの環境で稼働するプログラムを提供するなど，さまざまな方向が考えられる．この部分を協議し，合意することで，12.3.1の管理策がクラウドサービスプロバイダとクラウドサービスカスタマの双方の組織にわたって運用することができる．

(2)　二組織の連携が必要な管理策

ISO/IEC 27017において，クラウドサービスカスタマとクラウドサービスプロバイダの管理策の連携が明示的にあるものを表5.6に示す．

同表の管理策については，クラウドサービスカスタマとクラウドサービスプロバイダの双方のクラウドサービスのための実施の手引を理解し，相互に行うべき内容を確認したうえで，実施することが必要である．

表 5.6　二組織の連携が必要な ISO/IEC 27017 の主な管理策

No.	中分類	管理策
1	8.1　資産に対する責任	CLD.8.1.5　クラウドサービスカスタマの資産の除去
2	8.2　情報分類	8.2.2　情報のラベル付け
3	9.2　利用者アクセスの管理	9.2.1　利用者登録及び登録削除
4		9.2.3　特権的アクセス権の管理
5		9.2.4　利用者の秘密認証情報の管理
6	9.4　システム及びアプリケーションのアクセス制御	9.4.1　情報へのアクセス制限
7	10.1　暗号による管理策	10.1.1　暗号による管理策の利用方針
8	11.2　装置	11.2.7　装置のセキュリティを保った処分又は再利用
9	12.1　運用の手順及び責任	12.1.2　変更管理
10		CLD.12.1.5　実務管理者の運用セキュリティ
11	12.3　バックアップ	12.3.1　情報のバックアップ
12	12.4　ログ取得及び監視	12.4.1　イベントログ取得
13		12.4.4　クロックの同期
14		CLD.12.4.5　クラウドサービスの監視
15	12.6　技術的ぜい弱性管理	12.6.1　技術的ぜい弱性の管理
16	14.1　情報システムのセキュリティ要求事項	14.1.1　情報セキュリティ要求事項の分析及び仕様化
17	14.2　開発及びサポートプロセスにおけるセキュリティ	14.2.1　セキュリティに配慮した開発のための方針
18	16.1　情報セキュリティインシデントの管理及びその改善	16.1.1　責任及び手順
19		16.1.2　情報セキュリティ事象の報告

5.7　監視・測定・分析・評価の実施におけるISO/IEC 27017の活用

5.7.1　情報セキュリティパフォーマンスとISMS有効性の評価の体制

ISO/IEC 27017に基づいた管理策を実施する場合，クラウドサービスカスタマとクラウドサービスプロバイダが合意しないと有効性が確保できない対策がある．この対策の監視・測定・分析・評価には，二組織間での情報交換が必要となる．

具体的には，クラウドサービスカスタマが証拠（エビデンス）を要求し，クラウドサービスプロバイダがその要求に関して証拠を提供する．

先に示したバックアップの例について考えてみると次のとおりとなる．

① クラウドサービスカスタマが先に示したバックアップについて，検査を行った結果，リカバリができないことが判明する．これによって対策が有効でないことが判明する．

② この事実をクラウドサービスプロバイダに連絡し，原因分析を依頼する．

③ 分析の結果，バックアップのプログラムに問題があることが判明し，管理策の有効性が保たれないという評価になる．

　この評価結果に基づき，クラウドサービスプロバイダ側で改善が行われる．

④ 仮に，プログラムに問題がない場合には，クラウドサービスプロバイダ側での分析が必要となる．この場合，クラウドサービスカスタマは，クラウドサービスプロバイダ側の検査に関する情報がないと追加の検査を行うことができないため，クラウドサービスプロバイダに証拠として検査情報を要求する必要がある．

　証拠は，クラウドサービスプロバイダ側の責任で行う対策の有効性を評価できるものでなければならない．

5.7.2　クラウドサービスプロバイダに対する監査

ISMS では，組織の内部監査を求めている．この内部監査は，ISMS に関して組織自体が規定した要求事項と ISO/IEC 27001 の要求事項への適合性及び ISMS が有効に実施され，維持されていることの確認が目的である．組織が供給者関係も管理している場合，供給者が組織の要求事項に従って適切な管理を行っているかは，ISMS が有効に実施され，維持されているかに大きく影響することがある．この場合には，サプライヤー監査が必要となる．

ISO/IEC 27017 を含むクラウドサービスを利用している組織の ISMS については，クラウドサービス固有の対策が有効に実施され，維持されていることを監査することが必要となる．クラウドサービス利用において，クラウドサービスカスタマは，組織の主要な情報資産をクラウドサービスに保管している状況であり，クラウドサービスプロバイダを供給者とする供給者関係にある．このため，委託先であるクラウドサービスプロバイダに対するサプライヤー監査が必須となる．

ISO/IEC 27017 では，クラウドサービスプロバイダに対する監査のプロセスと要件に関して，“18.2.1 情報セキュリティの独立したレビュー”におけるクラウドサービスカスタマとクラウドサービスプロバイダの双方のクラウドサービスのための実施の手引に記載がある．この 18.2.1 のクラウドサービスのための実施の手引の内容を図示したのが図 5.10 である．

クラウドサービスカスタマ向けのクラウドサービスのための実施の手引に記載される“クラウドサービスカスタマは，クラウドサービスのための情報セキュリティ管理策及び指針の実施状況がクラウドサービスプロバイダの提示どおりであることについて，文書化した証拠を要求することが望ましい”とは，クラウドサービスプロバイダを対象としたサプライヤー監査を行う必要があることを意味している．

実際に，クラウドサービスカスタマがクラウドサービスプロバイダを対象としたサプライヤー監査を個別に受け入れることは少ない．これに代えて，クラウドサービスプロバイダが監査報告書を提示することがある．この監査報告書

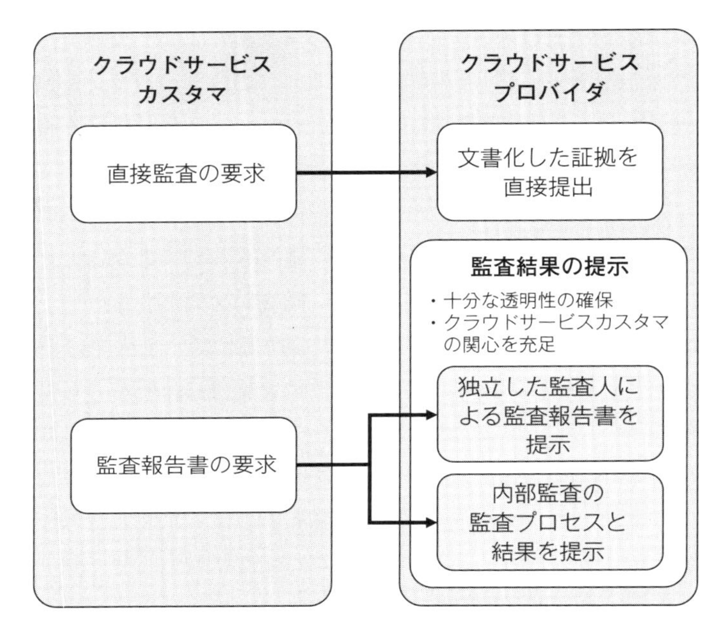

図 5.10　クラウドサービスカスタマのクラウドサービスプロバイダへの監査の選択肢

について，18.2.1 のクラウドサービスプロバイダ向けのクラウドサービスのための実施の手引には，“クラウドサービスプロバイダが選択した独立した監査は，それが十分な透明性が確保されていることを条件として，クラウドサービスカスタマがもつクラウドサービスプロバイダの運用に対するレビューへの関心を満たすものであること”という記載がある．監査結果がクラウドサービスカスタマのサプライヤー監査と同等になることを条件としていることを意味する．

米国会計士協会が定める SOC [*3] 2，SOC 3 と呼ばれる監査，又はそれに基づく日本の制度である日本公認会計士協会 IT 委員会実務指針第 7 号“受託業

[*3] SOC：Service Organization Control．SOC は，対象範囲を絞ることができるので，ISO/IEC 27017 に規定される管理策が対象に入っていることが必要である．

務のセキュリティ・可用性・処理のインテグリティ・機密保持にかかわる内部統制の保証報告書”は，この独立した監査の要件を満たす監査である．

クラウドサービスカスタマは SOC 報告書（又は IT 委員会の実務指針第 7 号の報告書）の内容を確認し，利用しているクラウドサービスプロバイダが必要とする情報セキュリティ要求事項を満たしていることを確認する．

クラウドサービスプロバイダの規模によっては，独立した監査人による監査が行いにくい状況がある．このため，クラウドサービスプロバイダが実施した内部監査であって，クラウドサービスカスタマのサプライヤー監査に代替できる内容の監査であれば，“そのプロセス及び結果を開示すること”を条件にクラウドサービスプロバイダが内部監査のプロセスと結果を開示することが認められる．

クラウドサービスのための実施の手引では，独立した監査人に対する監査についてのみ“十分な透明性とクラウドサービスカスタマの関心の充足”を求めているように読むこともできる．しかし，クラウドサービスカスタマがクラウドサービスプロバイダを対象としたサプライヤー監査の代替になりうる監査を求めていることを念頭におけば，文脈から，クラウドサービスプロバイダの内部監査も“十分な透明性とクラウドサービスカスタマの関心の充足”が求められることがわかる．

クラウドサービスプロバイダが内部監査のプロセスと結果を提示した場合には，クラウドサービスカスタマはそのプロセスを検証し，自らが行うサプライヤー監査に代替できるかどうかを判断する必要がある．仮に，不十分な内容であれば，自身で監査を行うか，再監査を求めることが必要である．

実際には，内部監査のプロセスは各社で違いがあり，それを検証することは容易ではない．日本セキュリティ監査協会のクラウド情報セキュリティ監査制度は，この点に対応して監査のプロセスなどを標準化しており，検証が行いやすい[*4]．

[*4] クラウド情報セキュリティ監査制度（特定非営利活動法人日本セキュリティ監査協会）
http://jcispa.jasa.jp/cloud_security/

付録　ISO/IEC 27036-4 クラウドサービスのセキュリティ指針

ISO/IEC 規格におけるクラウドサービスの情報セキュリティに関する規格として，ISO/IEC 27018 と ISO/IEC 27036-4 が発行されている．ISO/IEC 27018 は個人識別情報（Personally Identifiable Information：PII）をクラウドサービスで取り扱うための規格である．また，ISO/IEC 27036-4 はクラウドサービスの情報セキュリティ規格である．ISMS のためには，ISO/IEC 27036-4 が有益であることから，以下，本規格の概要を紹介する．

なお，ISO/IEC 27000 シリーズの規格（“ISMS ファミリ規格”）には，管理策の監査のための技術報告書（標準報告書，Technical Report：TR）である ISO/IEC TR 27008（Information technology — Security techniques — Guidelines for auditors on information security controls）がある．この技術報告書（標準報告書）は改訂作業中であり（2017 年 9 月現在），附属書にクラウドサービスに関する規格の管理策に対する技術的監査の内容が記載される見通しである．改訂された際には，クラウドサービスの監査に活用できる．

1. ISO/IEC 27036 シリーズ

ISO/IEC 27036（Information technology—Security techniques—Information security for supplier relationships）は，ISO/IEC 27002 の箇条 15 に規定される供給者関係の情報セキュリティの技術的なガイドラインである．本規格は，次のとおり四つのパートに分かれている．

Part 1：Overview and concepts（概要及び概念）

Part 2：Requirements（要求事項）

Part 3：Guidelines for information and communication technology supply chain security（ICT サプライチェーンのための指針）

Part 4：Guidelines for security of cloud services（クラウドサービスのセキュリティのための指針）

このシリーズでは，システムの調達から廃棄までのシステムライフサイクルに従って，供給者との関係をどのように管理するかを規定している．

2．ISO/IEC 27036-4 の概要

ISO/IEC 27036-4 は，クラウドサービスを調達者と供給者の関係としてとらえ，両者の関係が交渉できないとの認識に基づいたうえで，適切な情報セキュリティマネジメントを実施するためのガイドラインを提供するものである．

付図 1 に ISO/IEC 27036-4 の目次を示す．“1 適用範囲，2 引用規格，3 用語及び定義，4 規格の構成”に続く箇条 5 でクラウドサービスの中核概念とその脅威及びリスクの解説がある．箇条 6 が本規格の中核部分であり，クラウドサービスカスタマの視点から，システム調達ライフサイクルに従って，クラウドサービスカスタマとクラウドサービスプロバイダとの間で行うべき事項が定義されている．

箇条 7 は，クラウドサービスのタイプごとに，クラウドサービスプロバイダが行うべき事項の記述がある．

附属書 A には，クラウドサービス提供に関する ISO/IEC 規格の管理策間の関係が整理されている．ISO/IEC 27002 と ISO/IEC 27017，ISO/IEC 27018 が主体であるが，ISO/IEC 27030 以降の技術規格でクラウドサービスに関連

1 Scope
2 Normative references
3 Terms and definitions
4 Structure of this document
5 Key cloud concepts and security threats and risks
6 Information security controls in cloud service acquisition lifecycle
7 Information security controls in cloud service providers
Annex A (informative) Information security standards for cloud providers
Annex B (informative) Mapping to ISO/IEC 27017 controls

付図 1　ISO/IEC 27036-4 の目次

するものも参照されている．

附属書Bは，本規格とISO/IEC 27017の箇条（及び細目箇条）のマッピング（対照表）である．

3．ISO/IEC 27036-4の有用性

ISO/IEC 27036-4はシステムライフサイクルに従って情報セキュリティに対する管理項目を定義しており，実際の調達にあたって，有用な参考情報となる．リスク評価を行い，許容リスク範囲のクラウドサービスを提供するクラウドサービスプロバイダと契約するために何を行うべきか，さらに，運用段階で行うべき事項や契約終了時に行うべき事項が要領よく整理されている．

また，クラウドサービスのタイプによって，クラウドサービスカスタマとクラウドサービスプロバイダの責任範囲が異なるが，この点についても箇条7で整理されており，確認しておくと今後の参考になる．

索引・キーワード

あ

い

お

か

き

く

け

こ

し

著者略歴

永宮　直史（ながみや　ただし）　全体調整及び第1章，第2章，付録担当

1973年3月　早稲田大学大学院理工学研究科建設工学専攻修士課程修了
1973年4月　野村総合研究所 入社
1996年6月　同社　新社会システム事業本部事業企画室長（インターネット事業開発）
2002年9月　株式会社インフォセック CTO
2006年8月　独立　大手金融機関情報セキュリティ事務局支援
2011年4月　特定非営利活動法人 日本セキュリティ監査協会 事務局長（現職）
2015年7月　JASA クラウドセキュリティ推進協議会 事務局長（兼務）
2016年12月まで　クラウドセキュリティコントロール標準化専門委員会委員
現在　特定非営利活動法人 日本セキュリティ監査協会 事務局長
兼 JASA クラウドセキュリティ推進協議会 事務局長
公認情報セキュリティ主席監査人
ISO/IEC JTC 1/SC 27/WG 1，WG 4 国内委員会委員
IoT セキュリティガイドライン SC 27/WG 4 対応小委員会委員
第11回情報セキュリティ文化賞受賞（2015年）

後藤　里奈（ごとう　りな）　第4章担当

2010年3月　一橋大学大学院商学研究科経営・マーケティング専攻修士課程修了
2010年4月　ニフティ株式会社 入社
2016年1月　日本マイクロソフト株式会社 入社
現在　日本マイクロソフト株式会社 パートナー事業本部 マネージドサービスプロバイダー営業本部
パートナーディベロップメントマネージャー
ISO/IEC JTC 1/SC 27/WG 1，WG 4 国内委員会委員
日本セキュリティ監査協会 国際標準化 WG メンバー
情報セキュリティ監査人補，CISSP

土屋　直子（つちや　なおこ）　第3章担当

1998年4月　NTT ソフトウェア株式会社 入社
2017年4月　NTT テクノクロス株式会社（合併による新会社発足）
現在　NTT テクノクロス株式会社クラウド & セキュリティ事業部
ISO/IEC JTC 1/SC 27/WG 1 国内委員会委員
クラウドセキュリティ規格 JIS 化委員会委員
JASA クラウドセキュリティ推進協議会調査 WG（ISO/IEC 27017 認証審査員研修資料作成）
メンバー
JASA 調査研究部会　国際標準化 WG（クラウド関係の国際標準作成）メンバー
JIPDEC ISMS 審査員
JIPDEC ISMS クラウドセキュリティ審査員
JASA クラウド情報セキュリティ監査人

中田　美佐（なかだ　みさ）第3章担当

1998年4月　NTTソフトウェア株式会社 入社
2017年4月　NTTテクノクロス株式会社（合併による新会社発足）
現在　NTTテクノクロス株式会社クラウド＆セキュリティ事業部
JASAクラウドセキュリティ推進協議会調査WG（ISO/IEC 27017認証審査員研修資料作成）メンバー
個人情報保護WG（クラウドコンピューティング環境における個人情報保護法の影響調査）メンバー
JIPDEC ISMS主任審査員
JIPDEC ISMSクラウドセキュリティ審査員
JASAクラウド情報セキュリティ監査人

山﨑　哲（やまさき　さとる）第5章担当

1970年3月　京都大学理学部数学科 卒業
1970年4月　日本IBM株式会社 入社
1993年4月　同社コンサルティング事業部
2002年4月　IBM Certified Professionalエグゼクティブコンサルタント
2003年4月　IBMビジネスコンサルティングサービス
2006年7月　同社CSO
2006年10月　ISO/IEC 27003プロジェクトエディタ
2009年4月　工学院大学エクステンションセンター客員教授
2013年4月　JIS Q 27001 JIS原案作成委員会WG副主査
2013年4月　JIS Q 27002 JIS原案作成委員会WG委員
2011年10月–2015年12月　ISO/IEC 27017プロジェクトエディタ
2015年4月–2016年12月　JIS Q 27017 JIS原案作成委員会委員長
2012年4月–2017年3月　クラウドセキュリティコントロール標準化専門委員会委員長
現在　工学院大学情報学部客員研究員
ISO/IEC JTC 1/SC 27/WG 1国内委員会主査
著書　“ISO/IEC 27001:2013（JIS Q 27001:2014）情報セキュリティマネジメントシステム　要求事項の解説”（共著），日本規格協会，2014
“ISO/IEC 27001情報セキュリティマネジメントシステム（ISMS）構築・運用の実践”（共著），日科技連出版社，2014

ISO/IEC 27017:2015（JIS Q 27017:2016）
ISO/IEC 27002 に基づくクラウドサービスのための
情報セキュリティ管理策の実践の規範
解説と活用ガイド

2017 年 10 月 10 日　第 1 版第 1 刷発行
2024 年 10 月 29 日　　　　第 6 刷発行

編　　著　永宮　直史
発 行 者　朝日　　弘
発 行 所　一般財団法人 日本規格協会
〒 108–0073　東京都港区三田 3 丁目 11–28 三田 Avanti
https://www.jsa.or.jp/
振替　00160–2–195146

製　　作　日本規格協会ソリューションズ株式会社
印 刷 所　日本ハイコム株式会社

ISBN978–4–542–30545–8